Bild vorherige Seite:
Sukkulentenbusch an der Punta de Teno, Teneriffa

Hinweise auf Anwendungen der Pflanzen (oft in der Volksmedizin) stellen keine Empfehlungen für den Leser dar und können den Arzt nicht ersetzen. Autoren und Verlag müssen daher von vornherein alle Schadensersatzansprüche ablehnen. Aus der Tatsache, dass einige Arten als Giftpflanzen bezeichnet werden, kann nicht geschlossen werden, dass alle anderen ungiftig sind.

Bibliografische Information: Die Deutsche Nationalbibliothek verzeichnet diese Publikation in der Deutschen Nationalbibliografie; detaillierte bibliografische Daten sind im Internet abrufbar über http://dnb.dnb.de.

Text: Peter und Ingrid Schönfelder
Fotos: Peter Schönfelder außer S. 17 u. li.: Félix Manuel Medina, S. 45 u. li.: Walter Welß, S. 89 o. re.: Krzysztof Ziarnek/WikiCommons, Umschlagklappe hinten: Wolfgang Zielonkowski
Cover- und Buchlayout: Karin Tauer
Illustrationen: Julia Jankowsky
Satz: Verena Zech
Druck: Gráficas La Paz de Torredonjimeno
Depósito legal: TF 343-2018
ISBN: 978-84-942578-3-4
Printed in Spain

Schönfelder

Kanarische Pflanzenwelt

Die heimische Flora

Zech Verlag

Vorwort

Die Kanarischen Inseln werden zu Recht auch die „Inseln des ewigen Frühlings“ genannt. Sinken doch die Höchsttemperaturen im Januar kaum unter 20 °C, und auch im August steigen sie selten über 30 °C. Auch die Wassertemperaturen, im Durchschnitt von 18 °C (Februar bis April) bis 23 °C ansteigend (September, Oktober), erfreuen den Besucher. So ist es leicht verständlich, dass die Inseln als Urlaubsziel beliebt sind. Auch wenn nach wie vor viele Touristen ihre Zeit zwischen Hotel und Strand verbringen, so steigt auch die Zahl derer an, die auf teilweise gut markierten Wegen die verschiedenen Höhenstufen erkunden möchten und dabei immer wieder auf unbekannte Pflanzen stoßen werden.

An diese Wanderer wendet sich der vorliegende kleine Pflanzenführer vor allem: Er will die auffälligsten Pflanzen zeigen, ihre Bedeutung erläutern und einige wichtige Merkmale benennen. Den Botaniker begeistert die Vielfalt der Pflanzenwelt zumindest seit dem kurzen Aufenthalt Alexander von Humboldts auf seiner Südamerikareise 1799. Wäre Darwin nicht der Landgang auf Teneriffa wegen einer Cholera-Quarantäne verwehrt worden, so hätte er vielleicht seine Evolutionstheorie nicht auf den Galapagos, sondern auf den Kanaren entwickelt. Die rund 2100 Arten, von denen etwa ein Viertel Endemiten sind, interessieren heute die Botaniker aus aller Welt und führen dazu, dass in Fachzeitschriften noch immer weltweit neue Arten der Kanaren beschrieben und ihre Verwandtschaftsverhältnisse jetzt mit molekulargenetischen Methoden erforscht werden.

Dieser Führer kann nur eine Auswahl zeigen, für den spezieller Interessierten existieren heute ein Reihe rucksacktauglicher und umfangreicherer, auch großformatiger Führer in deutscher wie in englischer und spanischer Sprache. Uns erfreut die Flora der Kanarischen Inseln schon lange, seit einer ersten Teneriffa-Exkursion 1966, und das hat seinen Niederschlag in einigen Veröffentlichungen gefunden. So haben wir dieses Buch gerne geschrieben, auch wenn uns die Auswahl der dominierenden und interessantesten Arten manchmal nicht leicht gefallen ist.

Peter und Ingrid Schönfelder

Lage, Entstehung und Besiedlung

Die Kanarischen Inseln liegen zwar vor der Küste Afrikas und gehören geografisch dazu, politisch aber zu Spanien und damit zur Europäischen Union. Biogeografisch fasst man sie mit Madeira, den Selvagens Inseln, den Azoren und den Kapverdischen Inseln als „Makaronesien“ zusammen, auch wenn dieser Begriff immer wieder kontrovers diskutiert wird. Gemeinsam ist diesen Inselgruppen, dass sie vulkanischen Ursprungs sind.

Die Kanaren entstanden vor einigen Millionen Jahren als Vulkane am Rand der Afrikanischen Platte. Durch vulkanische Ereignisse, Erosion und Meeresspiegelschwankungen hat sich ihre Form immer wieder geändert. Reste von Vulkanismus gibt es bis heute. Das letzte vulkanische Ereignis war 2011 ein unterseeischer Vulkanausbruch vor der Südküste von El Hierro. Die östlichsten Inseln sind die ältesten, mit 22 bzw. 15 Mio. Jahren (Fuerteventura und Lanzarote), La Palma und El Hierro sind mit 2 bzw. 1,2 Mio. Jahren die jüngsten. La Gomera und die höchste und ökologisch vielfältigste In-

Fußförmige Felsritzungen auf der Montaña de Tindaya (Fuerteventura)

sel Teneriffa sind etwa 12 Mio. Jahre alt, Gran Canaria etwa 14 Mio. Mit 3718 m ist der Pico del Teide ihr höchster Berg und gleichzeitig der höchste Spaniens. Mit seiner Entstehung beschäftigen sich die Geologen intensiv und es gibt mehrere Theorien.
Die pflanzliche Besiedlung geschah zunächst durch Arten mit leichten, durch den Wind verbreiteten Samen und Früchten, dann aber auch mit Verbreitungseinheiten, die durch Tiere transportiert wurden. Im Tertiär breiteten sich die Lorbeerwälder von Europa bis zu den Kanaren aus, wo sie sich bis heute erhalten haben.
Die menschliche Besiedlung erfolgte spät, nach derzeitigem Kenntnisstand erst vor 2000 bis 2100 Jahren, nach vorherrschender Meinung durch nordafrikanische Berberstämme. Die Ureinwohner (allgemein Guanchen genannt, im engeren Sinne nur die von Teneriffa) lebten in steinzeitlichen Verhältnissen ohne Anwendung von Metallen und ohne schriftliche Überlieferung der Sprache. Auf allen Inseln haben sie zahlreiche Spuren hinterlassen, insbesondere sind es Felsritzungen, die es lohnt zu besuchen.
Nach ersten Kontakten durch die Phönizier in der Antike und dann vor allem zu Beginn des 14. Jahrhunderts eroberten erst im 15. Jahrhundert die Spanier die Inseln und nahmen sie in Besitz. In dieser Zeit begannen die Ortsgründungen und die intensivere spanische Besiedlung, gleichzeitig auch die Einschleppung von Pflanzen aus aller Welt. Die Erforschung der Flora hatte ihren Ausgangspunkt in dem Besuch Alexander von Humboldts (1799), intensiver erst seit dem 19. Jahrhundert.

Die Flora der Kanaren

Die Flora der Gefäßpflanzen der Kanarischen Inseln umfasst nach derzeitigem Stand etwa 2100 Arten, wobei die Fortschritte der Forschung diese Zahl noch jedes Jahr steigen lassen. Die niedrigen Inseln Fuerteventura und Lanzarote sowie die kleinste Insel El Hierro haben etwa 700 Arten, die übrigen kleinen Inseln La Palma und La Gomera etwa 900, nur die beiden größten und höchsten Inseln Teneriffa und Gran Canaria weisen mit etwa 1450 bzw. 1300 eine deutlich höhere Artenzahl auf. Insgesamt ist etwa ein Viertel endemisch, d. h. in seinem Vorkommen auf eine oder mehrere Kanareninseln beschränkt. Die übrigen Arten sind weiter verbreitet, manche reichen bis auf die anderen Inselgruppen Makaronesiens, die Kapverden, Madeira

und Azoren, auch bis Nordafrika und in den Mittelmeerraum. Außerdem sind inzwischen manche Pflanzen aus verschiedenen Kontinenten heimisch geworden, aber nur wenige konnten in die naturnahe Vegetation eindringen.
Die Entstehungsgeschichte der Kanarenflora, die Entwicklung, Aufspaltung und Abstammung vieler Insel-Endemiten kann man heute mit molekularbiologischen Methoden genauer erforschen. Der Ursprung zahlreicher Arten liegt im Mittelmeergebiet und in Westafrika, auch das Alter der Abspaltungen lässt sich heute bestimmen.
Wenn man, wie für dieses Buch, die auffälligsten und häufigsten Arten aussucht, so sind dies vor allem bestandsbildende Endemiten, aber auch einige bis ins Mittelmeergebiet verbreitete und eingeschleppte Arten, die sich wie heimische Pflanzen verhalten. Wo genügend Wasser zur Verfügung steht, faszinieren den Besucher in den Orten auch die oft großblütigen Zierpflanzen aus allen Erdteilen, die allerdings in dieses Buch nicht aufgenommen werden konnten und für den Botaniker nicht zur Flora gehören.

Vegetationsstufen und Klima

Die grundsätzliche Stufung der Vegetation der Kanaren ist durch das Klima bedingt: Die klassische Gliederung unterscheidet die Stufe unter den Wolken, die Stufe der Wolken und die Stufe über den Wolken. In Meeresnähe ist ein ± schmaler Streifen durch salziges Spritzwasser beeinflusst: Die **Küstenvegetation** trägt eine sehr unterschiedliche Flora, je nachdem, ob es sich um die von Touristen bevorzugten Sandstrände oder um Felsküsten handelt. Weitläufige Sandstrände existieren besonders auf Lanzarote, Fuerteventura und Gran Canaria, Felsküsten dagegen auf allen Inseln.

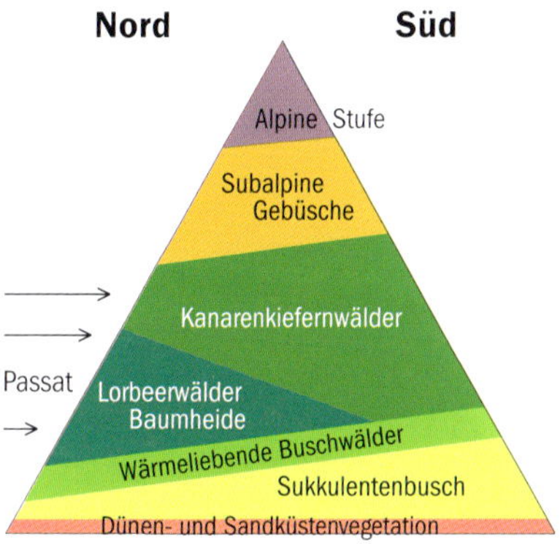

Vegetationsstufen der Kanaren. Die Farben entsprechen denen der Karten im Umschlag vorne und hinten (nach Schönfelder 2018 a)

Die darüberliegende Vegetationsstufe des **Sukkulentenbusches** (auch infrakanarische Stufe genannt) ist auf der Südseite der Inseln viel breiter und kann bis auf 800 m ansteigen. Die Niederschläge sind hier sehr gering und betragen maximal 200 mm jährlich. Neben einigen stammsukkulenten Pflanzen gedeihen hier eine Reihe von strauchigen, aber mit einem Stamm aus dem Boden kommende Arten, die in der Trockenzeit ihre Blätter abwerfen. Während der Sukkulentenbusch auf den zentralen und westlichen Inseln noch großflächig verbreitet ist, hat die intensive Beweidung auf den östlichen Inseln weitgehend zu einem Ersatz durch grasreiche, im Sommer sehr trockene Flächen geführt.
Oberhalb des Sukkulentenbusches findet sich die Mehrzahl von Siedlungen der heimischen Bevölkerung, sodass von dem hier von Natur aus vorhandenen Gürtel der **Wärmeliebenden Buschwälder** („Bosques termófilos") nur noch kleine Reste vorhanden sind. Klimatisch bildet diese Stufe einen Übergang von der trocken-warmen unteren Stufe zu den Waldstufen. Charakteristisch sind hier Gehölzbestände bestimmter Baum- und Straucharten.
Die Nord- und Nordostseiten der zentralen und westlichen Inseln beherbergen darüber bereits **Lorbeerwälder** („Monteverde", thermokanarische Stufe), die ihre Existenz dem frostfreien, ganzjährig feuchten Klima dieser Stufe verdanken. Im Winter bleiben hier die Wolken der Tiefdruckgebiete hängen, während im Sommer der Nordostpassat für genügend Feuchtigkeit sorgt. Man rechnet mit Niederschlagssummen von 700 bis 1000 mm pro Jahr, bei ganzjährig höheren Temperaturen. Zusätzliche Feuchtigkeit bringt der Nebel.
In den trockensten Bereichen der Lorbeerwälder, an ihrem Unter- und Oberrand, aber auch als Regenerationsstadium nach ihrer Abholzung, wachsen bis 10 m (maximal 20 m) hohe **Baumheide-Buschwälder** („Fayal-brezal"), in denen neben der Baumheide gebietsweise der Makaronesische Gagelbaum dominiert.
Auf den höheren Inseln (Gran Canaria, Teneriffa und La Palma) finden sich oberhalb des Monteverde großflächig **Kanarenkiefernwälder** (mesokanarische Stufe), kleinere Bestände auch auf La Gomera und El Hierro. Auch diese Stufe bekommt noch einige Niederschläge aus den im Sommer höher steigenden Passatwolken und vor allem im Winter von den Tiefdruckgebieten. Am Rande der Cañadas erreichen die Kiefernwälder auf Teneriffa eine Obergrenze bei etwa 2000 m, die letzten Bäume wachsen bis etwa 2300 m.

Passatwolke östlich von El Pilar (La Palma)

Die **subalpine Stufe** (suprakanarische Stufe) ist nur auf Teneriffa und La Palma deutlich ausgebildet. Sie liegt die meiste Zeit über den Wolken und ist durch eine Anzahl von Sträuchern gekennzeichnet, von denen der weiß blühende Teideginster am auffälligsten ist. Allgemein bekannt ist der rot blühende, übermannshohe Wildpret-Natternkopf, der inzwischen auch in tieferen Lagen als Zierpflanze gedeiht.

Die oberste, gehölzfreie **alpine Stufe** (orokanarische Stufe) kommt nur am Pico del Teide auf Teneriffa vor und ist durch wenige endemische, krautige Arten gekennzeichnet. Dazu gehört das Teide-Veilchen, das man mit einiger Anstrengung am natürlichen Standort sehen kann.

Sonderstandorte bilden Wegränder, Brachland, Barrancos und Felsen. Wegränder und Brachland haben hauptsächlich in der Stufe des Sukkulentenbusches ihre eigene, vorwiegend aus eingeschleppten Arten bestehende Vegetation. Barrancos und Felsen reichen oft durch mehrere Vegetationsstufen hinauf bis in die Kiefernwälder und tragen vor allem an Felsen spezielle, an diesen Standort angepasste Pflanzen, wie besonders eine Reihe von Aeonium-Arten.

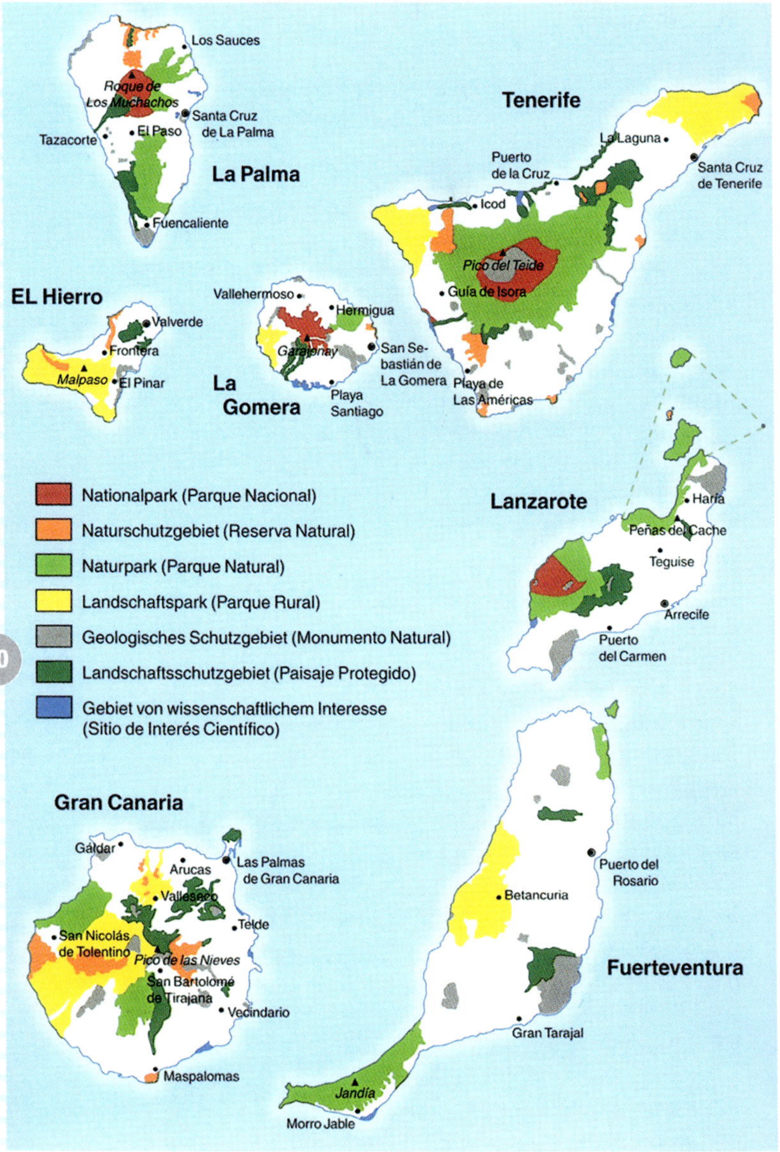
La Palma
Los Sauces
Roque de Los Muchachos
Santa Cruz de La Palma
El Paso
Tazacorte
Fuencaliente
Tenerife
La Laguna
Puerto de la Cruz
Santa Cruz de Tenerife
Icod
Pico del Teide
Guía de Isora
Playa de Las Américas
EL Hierro
Valverde
Frontera
Malpaso
El Pinar
La Gomera
Vallehermoso
Hermigua
Garajonay
San Sebastián de La Gomera
Playa Santiago
Lanzarote
Haría
Peñas del Cache
Teguise
Arrecife
Puerto del Carmen
Nationalpark (Parque Nacional)
Naturschutzgebiet (Reserva Natural)
Naturpark (Parque Natural)
Landschaftspark (Parque Rural)
Geologisches Schutzgebiet (Monumento Natural)
Landschaftsschutzgebiet (Paisaje Protegido)
Gebiet von wissenschaftlichem Interesse (Sitio de Interés Científico)
Gran Canaria
Gáldar
Arucas
Las Palmas de Gran Canaria
Valleseco
Telde
San Nicolás de Tolentino
Pico de las Nieves
San Bartolomé de Tirajana
Vecindario
Maspalomas
Fuerteventura
Puerto del Rosario
Betancuria
Gran Tarajal
Jandía
Morro Jable

Naturschutz

Erfreulicherweise spielt die Natur auf allen Kanareninseln noch immer eine große Rolle. Zwar haben Siedlungstätigkeit einschließlich Tourismus, Verkehr und Landwirtschaft einen erheblichen Flächenbedarf, daneben aber finden sich große, wenig genutzte Gebiete, die weitgehend der Natur überlassen bleiben und wo die vielen Tier- und Pflanzenarten immer noch überleben können. Die wachsende Zahl der Naturfreunde aus allen Ländern findet hier nicht nur Erholung, sondern hat auch die Möglichkeit, die Einzigartigkeit der kanarischen Natur kennenzulernen.

Dies haben die Verwaltungen der Inseln schon länger erkannt und haben einerseits größere Gebiete in verschiedenen Kategorien unter Schutz gestellt. Teilweise werden manche Arten auch schon lange (seit 1973) in internationalen Listen wie dem Washingtoner Artenschutzabkommen aufgeführt und sind damit vor dem Handel geschützt.

In der nebenstehenden Karte werden die wichtigsten Gebiete aufgezeigt. Am bedeutendsten sind die vier Nationalparks: Der Garajonay auf La Gomera gilt dem Schutz der Lorbeerwälder, die Caldera de Taburiente auf La Palma ausgedehnten Kanarenkiefernwäldern, der Teide-Nationalpark auf Teneriffa betrifft die oberen Stufen mit den Teideginster-Gebüschen und Teide-Veilchenfluren, und der Timanfaya-Nationalpark auf Lanzarote den jungvulkanischen Erscheinungen. Hier sind jeweils Einschränkungen für die Besucher zu beachten.

Naturschutzschild am Malpaís de Güímar (Teneriffa)

Schutzgebiete der Kanaren (nach „Ley de Espacios Naturales de Canarias“ 1995, verändert, aus Schönfelder 2018 a)

Außerdem werden in Spanien folgende Naturschutzkategorien unterschieden: · Reserva Natural Integral und Especial · Parque Natural · Parque Rural · Monumento Natural · Paisaje Protegido · Sitio de Interés Científico.
Rund 40% der Fläche der Kanarischen Inseln fällt in eine dieser Kategorien. Außerdem sind heute weite Gebiete von der UNESCO als Biosphärenreservate ausgewiesen.
Alle geschützten Arten (Liste Spaniens) und die in den vier Roten Listen in verschiedenen Kategorien aufgeführten Arten, nämlich des IUCN (der Naturschutzorganisation der UN), Spaniens und den zwei der Kanaren, sind in der Kopfzeile mit dem Naturschutzsymbol ▼ bzw. bei der „Weiteren Art" in der Klammer am Schluss gekennzeichnet. Falls nur einzelne Unterarten in Roten Listen aufgeführt sind, so wird das Symbol in Klammern (▼) verwendet.

Sieben Inseln

Oft wird man gefragt, welche die schönste, die liebste oder die interessanteste der sieben Kanareninseln sei. Die Antwort ist einfach: Jede dieser Inseln hat ihren eigenen Charakter und Eigenschaften, die einen Besuch lohnen.
El Hierro ist die kleinste und westlichste Insel. Gleichzeitig ist sie touristisch am wenigsten erschlossen und am dünnsten besiedelt. Für den botanisch interessierten Wanderer ist sie einen Aufenthalt wert, zeigt sie doch vom Sukkulentenbusch in Küstennähe bis in die Kanarenkiefernwälder in 1500 m Höhe auf kleiner Fläche alle Vegetationsstufen. Im Westen und Süden findet man großflächig junge Lava mit verschiedenen Ausbildungen des Sukkulentenbusches. Der Wärmeliebende Buschwald ist oberhalb als „Sabinar" (Kanaren-Wacholder) in einem schönen, vom Passatwind geformten Bestand zu finden, von dem ein Baum sogar als Charakterpflanze der Insel dient. Lorbeerwälder sind an den Nordhängen oberhalb von La Frontera nur in kleinen Resten vorhanden, weiter verbreitet dagegen sind Baumheide-Buschwälder mit kräftigen Stämmen der Baumheide und des Makaronesischen Gagelbaumes auf der Hochfläche. An den südlichen Hängen trifft man dann große Kanarenkiefernwälder.
Eine der jüngeren Inseln des Archipels ist **La Palma** und hat mit dem Teneguía einen erst 1971 entstandenen Vulkan. Hier, im Süden der Insel, kann man schön die Wiederbesiedlung junger vulkanischer Böden beobachten. Bekannt sind aber auch die Lorbeerwälder im Nordosten bei Los Tilos und

am Cubo de la Galga. Mit dem höchsten Berg, dem Roque de los Muchachos (2426 m) erreicht La Palma die subalpine Stufe mit ihrer typischen Strauchvegetation. Der angrenzende Nationalpark Caldera de Taburiente erstreckt sich mit ausgedehnten Kanarenkiefernwäldern fast bis zum Meer. Auch die nach Süden führende Cumbre Vieja trägt eindrucksvolle Kiefernwälder mit schönen Wanderwegen.

La Gomera ist nach El Hierro die zweitkleinste Insel und hat eine fast runde Gestalt. Der Garajonay im Zentrum ist mit 1417 m ihre höchste Spitze, die nach allen Seiten mit mehreren Tälern abfällt. Bei Touristen besonders geschätzt ist das Valle Gran Rey im Südwesten, das schon in den 70er Jahren als Hippiekolonie bekannt wurde. Auch das nach Norden gerichtete Tal von Hermigua hat eine abwechslungsreiche Vegetation. Berühmt ist der Nationalpark Garajonay, der die größten zusammenhängenden Lorbeerwälder umfasst.

Die größte, höchste und bevölkerungsreichste Kanareninsel ist **Teneriffa**. Botanisch ist sie auch die vielfältigste, da sich hier alle Vegetationsstufen von den Fels- und Sandküsten bis in die Gipfelregion des Teides finden und mehr oder weniger gut ausgebildet sind. Nur größere Dünenlandschaften, wie auf den drei östlichen Inseln, wird man hier vermissen. Vom Sukkulentenbusch gibt es größere Reste sowohl an der Südseite als auch, in einem schmaleren Streifen, an der Nordküste. Von den Wärmeliebenden Buschwäldern findet man verschiedene interessante Ausbildungen, so vom Kanaren-Palmenwald zum Beispiel im Barranco de San Andrés, von der Atlantischen Pistazie oberhalb von Garachico oder vom Kanaren-Wacholder, z. B. oberhalb von Afur. Lorbeerwälder und Baumheide-Buschwälder existieren in einiger Ausdehnung sowohl im Teno- als auch im Anagagebiet mit Wanderwegen, die es ermöglichen, die vielen interessanten Arten kennenzulernen. Kiefernwälder in allen Altersstufen begleiten den Hauptkamm („Cumbre“) zwischen La Laguna und dem Teide-Nationalpark. Da Forstwirtschaft derzeit nur in geringem Umfang betrieben wird, sind alle Wälder in den letzten Jahrzehnten erfreulich gewachsen. Auch von der Südseite aus, zum Beispiel oberhalb von Vilaflor oder der Nordseite oberhalb von Aguamansa trifft man auf weite Bestände der Kanarenkiefer. Schließlich begegnet man im Teide-Nationalpark mehreren Gesellschaften der subalpinen Gebüsche, und auch hier gibt es schöne Wege, die das Gebiet erschließen.

Gran Canaria ist nach Teneriffa und Fuerteventura die drittgrößte Kanareninsel. Bei Touristen bekannt ist sie vor allem wegen der weiten Dünenlandschaft im Süden bei Maspalomas. Andererseits fehlen ihr die großen Lorbeerwälder, die man nur noch in kleinen Resten im Tal von Moya antrifft, um deren Rekonstruktion man aber bemüht ist. Eindrucksvoll sind die Kanarenkiefernwälder im Zentrum. Eine Reihe von botanischen Besonderheiten birgt der Pinar de Tamadaba, der einen ausführlichen Besuch lohnt. Auch wenn Gran Canaria einige herausragende Gipfel aufweist, fehlen der Insel die subalpine und alpine Stufe Teneriffas. Mit der hohen Steilküste Andén Verde im Westen weist Gran Canaria eine Besonderheit auf.

Der Roque Nublo (Gran Canaria)

Fuerteventura liegt mit etwa 120 km am nächsten zum afrikanischen Festland und ist wie Lanzarote in weiten Bereichen halbwüstenartig. Sie ist die älteste Kanareninsel und hat stark von der Abtragung geprägte, ruhige Landschaftsformen. Durch lange und intensive Beweidung sind weite Teile stark degradiert. Großflächige Dünenlandschaften mit ihrer charakteristischen Flora finden sich im Norden südlich von Corralejo und im Süden bei La Pared. Die Halbinsel Jandía birgt einige interessante Endemiten und in der nicht leicht zugänglichen Gipfelregion auch einzelne Lorbeerwaldarten. Grün und blütenreich wird die ganze Insel einige Wochen nach den gelegentlichen Regenfällen im Winterhalbjahr. Im Nordosten ist die kleine Insel Lobos vorgelagert, zu der sich ein Tagesausflug lohnt.

Auch die nordöstlichste Insel **Lanzarote** ist durch ihre weiten Sandstrände und das niederschlagsarme Wetter beliebt, da der Passat über sie hinwegweht. Botanisch interessant sind vor allem die höheren Teile im Norden der Insel. Der Weg durch die Steilhänge der Riscos de Famara ist heute unterbrochen, zeigt aber immer noch viele interessante Arten und Ausblicke.

Auch die im Norden vorgelagerte Insel La Graciosa ist leicht zu erreichen, während die unbewohnten, kleineren nördlichen Inseln schwierig zugänglich sind. Der Nationalpark Timanfaya zeigt die Vielfalt jungvulkanischer Erscheinungen, die auf umfangreichen Ausbrüchen seit 1730 beruhen.

Zum Gebrauch dieses Buches

Das Buch ist vor allem nach den Vegetationsstufen, von den Küsten bis zu den höchsten Gipfeln gegliedert. Wenn man nach einer bestimmten Pflanze sucht, beginnt man in der betreffenden Stufe, in der man die Pflanze beobachtet hat. Jeder Stufe ist eine kurze allgemeine Beschreibung vorangestellt, dann folgen die auffälligsten Arten in systematischer Reihenfolge (nach APG IV, 2016, dem neuesten System der Blütenpflanzen, das heute auch in Floren verwendet wird), sodass man verwandte Arten benachbart findet. Nun haben alle Pflanzen eine gewisse ökologische Breite, und deshalb kann man sie eventuell in einer anschließenden Stufe antreffen. Für seltenere Arten wird man auf ein umfangreicheres Buch zurückgreifen müssen.
Bei jeder Art findet sich oben das Naturschutzsymbol (s. Seite 12) und die Angabe, auf welcher der sieben Inseln die Art wächst. Es folgt ein deutscher und ein kanarischer Name, danach die als gültig angesehene wissenschaftliche Bezeichnung. Die einheimischen Namen richten sich weitgehend nach Machado (2005), auf einzelnen Inseln gibt es daneben oft weitere gebräuchliche. Schließlich folgen deutscher und wissenschaftlicher Name der Pflanzenfamilie, Wuchshöhe und Hauptblütezeit (in römischen Ziffern I–XII). Neben der Überschrift ist ein charakteristisches Detail (meist der Blüte) von der Hauptart zu sehen.
Fett gedruckt ist ein Abschnitt mit allgemeinen Informationen zur Art, gelegentlich auch zur (früheren) Anwendung in der Volksheilkunde auf den Kanaren, ohne dass damit eine Empfehlung verbunden wäre. Die Beschreibung beginnt mit der Lebensform und nennt die zur Bestimmung wichtigsten Merkmale. In Klammern wird dann angegeben, wenn die Art nur auf den Kanaren wächst (Endemit) oder weiter verbreitet ist. Oft wird eine zweite, verwandte oder ähnliche Art („Weitere Art") kurz beschrieben und in einem schmaleren Foto abgebildet. Unterschiede der Größe und Blütezeit werden nur erwähnt, wenn sie wesentlich abweichen. Gelegentlich gehört diese Art zu einer anderen Vegetationsstufe, bei denen der subalpinen Gebüsche sogar öfter.

Sandküsten, Dünen

Auf den Kanarischen Inseln sind Sandstrände vor allem auf den drei großen östlichen Inseln zu finden. Hier kann sich der Urlauber an hellen Sandstränden und dahinter oft weitläufigen Dünenlandschaften erfreuen. Während diese auf Lanzarote eher kleinräumig sind, so zum Beispiel an den Papagayo-Stränden oder auf der Insel Lobos, bilden sie auf Fuerteventura und Gran Canaria ausgedehnte Flächen. Am bekanntesten sind die Dünen von Maspalomas auf Gran Canaria. Auf diesen Inseln bestehen sie nicht aus Saharasand, sondern aus vom Meer zermahlenem Korallen-, Schnecken- und Muschelkalk. Auf Teneriffa finden sich Dünen nur kleinflächig zum Beispiel bei El Médano. Der künstlich angelegte Badestrand Playa de las Teresitas nordöstlich von Santa Cruz de Tenerife besteht dagegen aus hellgelbem Saharasand, der mit Schiffen von der afrikanischen Küste herübergebracht wurde. Hier findet man vor allem Zierpflanzen. Die Sandstrände der westlichen Inseln sind kleiner und bestehen meist aus dunkleren Sanden vulkanischer Gesteine, die keine Dünen bilden.
Die Sandstrände und Dünen der Ostinseln sind pflanzenarm. Charakteristisch sind die Sträucher des Moquin-Traganum, der die Gipfel vieler Dünen stabilisiert, andere Arten sind seltener. Teilweise sind sie auch mediterraner Herkunft, wie der Strand-Knöterich (*Polygonum maritimum*), die Strand-Wolfsmilch (*Euphorbia paralias*) oder der Europäische Meersenf (*Cakile maritima*). Das im Mittelmeergebiet weit verbreitete Dünen-Zypergras (*Cyperus capitatus*) ist regelmäßig auf gefestigten Dünen anzutreffen.

Dünen bei Maspalomas, Gran Canaria

Sandliebendes Androcymbium
Cebollín estrellado de jable

Androcymbium psammophilum

Herbstzeitlosengewächse *Colchicaceae*   0,02–0,08 m   XI–III

Die auffällig schönen Pflanzen erfreuen durch ihre nur wenig aus dem Sand herausragenden, 2,5 bis 3 cm breiten, weißen Blüten und die sie umgebenden, ausgebreitet liegenden, lang zugespitzten Blätter. *Androcymbium*-Arten enthalten giftige Alkaloide.

Beschreibung Zwiebelpflanze mit unterirdischem Stängel und 3–6(–7) dicht gedrängt stehenden, kurz gestielten Blüten. Ihre weißen, lang genagelten Hüllblätter frei, bisweilen mit purpurnen Nerven, am Ende spatelig, kaum bespitzt, Staubfäden grünlich. Die grünen oder graugrünen, gekielten Blätter rosettig unter den Blüten angeordnet, mit 0,5–4 cm sehr unterschiedlich breit. Wie auch die folgende Art seltener Kanaren-Endemit.
Weitere Art Das ähnliche El Hierro-Androcymbium (in 2 Unterarten) hat am Grund dunkelpurpurne oder purpurn gestreifte, am Ende deutlich zugespitzte Blütenhüllblätter, Staubfäden ebenfalls dunkelpurpurn (▼ offene Flächen im Sukkulentenbusch, nur auf H, P, G).

El Hierro-Androcymbium
Androcymbium hierrense

Desfontaines-Jochblatt — Uva de mar común

Tetraena fontanesii (Zygophyllum fontanesii)

Jochblattgewächse *Zygophyllaceae* 0,1–0,6 m I–VI

Eigenartiger, reich verzweigter, kleiner Strauch: Alle jüngeren Teile sind fleischig, sodass man erst bei genauer Betrachtung Stängel, Blätter und die ähnlich geformten und gefärbten Früchte unterscheiden kann. Überliefert ist, dass die Art von den Ureinwohnern gegessen wurde.

Beschreibung Blätter eiförmig-zylindrisch, gegenständig, fein kurz behaart, anfangs grün bis graugrün, danach zunehmend gelblich bis orange, einfach oder mit 2 Blättchen. Blüten wenig auffällig, mit 5 weißen oder rosa, 4 mm langen Kronblättern und filzig behaarten, häufig purpurn überlaufenen Kelchblättern. Die 5–7 mm großen, fleischigen, kugeligen Kapseln öffnen sich mit 5 Klappen (auch felsige Standorte, Kanaren, Kapverden, NW-Afrika).

Weitere Art Seltener ist das Afrikanische Jochblatt (mit 2 Unterarten). Es unterscheidet sich vor allem durch die rosa-purpurne oder graugrüne Färbung und die länglichen, am Ende glockenförmig verdickten, gerippten Früchte (▼ auch auf Fels, T, C, F, Kapverden, N-Afrika).

Afrikanisches Jochblat
Tetraena gaetula
(Zygophyllum gaetulum)

H G T

Sitzendblättriger Hornklee

Lotus sessilifolius **Corazoncillo canario**

Schmetterlingsblütler *Fabaceae* 0,1–0,3 m XII–IV

Gelbblütige Hornklee-Arten kommen auf den Kanaren in allen Stufen vor, viele nur auf einer Insel und auch dort ausschließlich in einem kleinen Teilgebiet. Die meisten sind endemisch, manche gefährdet. Ohne Standortsangabe sind sie nicht immer leicht zu unterscheiden.

Beschreibung Niederliegende bis aufsteigende, am Grund etwas verholzte, spärlich bis dicht behaarte Pflanze mit schmalen linealen, bis 1 cm langen Blättchen. Die hier ± fehlende Blattspindel täuscht 5-zählig gefingerte Blätter vor. Blüten zu 1–6(–8) auf langem Stiel. Auf El Hierro kommt die Art in einer dicht behaarten Unterart mit kürzeren Blättchen und weniger Blüten im Blütenstand vor (Sand- und Felsküsten, Kanaren-Endemit).

Weitere Art Der dicht behaarte Lanzarote-Hornklee bildet oft große Polster. Blättchen nur kurz gestielt, spitz eiförmig oder rundlich, das untere Paar kleiner, etwa so lang wie die Blattspindel. Blüten zu 1–5, Fahne mit roten Nerven, bisweilen die ganze Blüte gelborange (F, L, Madeira, endemisch).

Lanzarote-Hornklee
Lotus lancerottensis

C

Kameltritt

Patacamello

Neurada procumbens

Kameltrittgewächse *Neuradaceae* 0,05–0,15 m II–VI

Die Früchte des Kameltritts kamen mit den zu Arbeitszwecken in der Landwirtschaft vor etwa 600 Jahren eingeführten Dromedaren aus Marokko nach Gran Canaria und fanden dort in den Dünentälern von Maspalomas (auf den Kanaren nur dort) ideale Lebensbedingungen. Die Pflanze ist oft von Sand überweht und nicht immer sichtbar, sodass die scheibenförmigen, oberseits dornigen Früchte sich außer in Dromedarfüße auch unerwartet schmerzhaft in Touristenfüße bohren können.

Beschreibung Einjährige, ausgebreitet niederliegende, filzig behaarte Pflanze. Blätter graugrün, gestielt, eiförmig-länglich, ± tief buchtig gelappt. Kleine Blüten mit 5-blättriger, weißer, genervter, etwa 2 mm langer Krone und fein bedornten Kelchblättern einzeln in den Blattachseln sitzend. Früchte nur mit 1 Samen, verholzend und lange ausdauernd, etwa 2 cm breit, in der Mitte mit vergrößerten, verhärteten Griffeln, unterseits glatt (ursprünglich N-Afrika bis Afghanistan).

Frucht von
Neurada procumbens

H P G T C F L

Kopfige Frankenie   Tomillo marino pardo

Frankenia capitata

Frankeniengewächse *Frankeniaceae*   0,1–0,3 m   (I–)III–XI

Frankenia ist die einzige Gattung der Frankeniengewächse, *Frankeniaceae*, eine für den Mitteleuropäer unbekannte Pflanzenfamilie. Auch wenn sie in allen Erdteilen vorkommt, so ist sie doch auf die mäßig warmen Gebiete beschränkt. Alle Arten sind salzertragend.

Beschreibung Zwergstrauch mit dunkel rotbraunen, behaarten Ästen. Blätter quirlartig angeordnet, durch stark umgerollte Blattränder scheinbar lineal, oft weiß verkrustet, am Grund gewimpert. Blüten an den Zweigenden kopfig genähert, mit 5 verschmälerten, 4–6 mm langen, rosa Kronblättern und abstehend behaartem Kelch (Kanaren-Endemit).
Weitere Art Die Erikablättrige Frankenie hat kahle, lineale, selten auch breitere, kaum umgerollte, gestielte, am Grund nicht gewimperte Blätter. Blüten mit kahlen Kelchen und rosa oder weißen Kronblättern, zerstreut im oberen Teil der Stängel (sandige oder felsige Standorte in Meeresnähe, Kanaren, alle Inseln, Kapverden, Mauretanien).

rikablättrige Frankenie
Frankenia ericifolia

P G T C F L

Kanarische Tamariske — Tarajal canario

Tamarix canariensis

Tamariskengewächse *Tamaricaceae* 2–6 m IV–VIII

Tamarisken sind beliebte Zierpflanzen und in Europa, Nordafrika und Asien mit vielen Arten verbreitet. Die Kanarische Tamariske wurde zwar „*canariensis*“ genannt, kommt aber auch im westlichen Mittelmeergebiet vor. Sie wurde u. a. als Schwarz-Färbemittel verwendet.

Beschreibung Strauch oder Baumstrauch. Junge Zweige rötlich braun, fein warzig, mit schuppenförmig anliegenden, etwa 2 mm langen, graugrünen, mit Salzdrüsen besetzten Blättern. Blütenstände kätzchenartig an diesjährigen Trieben, 1,5–5 cm lang und 3–5 mm dick. Die 5 rosaweißen Kronblätter 1,5 mm. Samen mit Haarschopf. Sandige Fluss- und Barrancomündungen (Kanaren, Kapverden, westl. Mittelmeergebiet).

Weitere Art Die Afrikanische Tamariske hat durchscheinend berandete, grüne Schuppenblätter, die Blütenstände, an vorjährigen Trieben, sind 3–7 cm lang und 5–8 mm dick. Kronblätter weiß, 2–3 mm (T, C, F, L, als Zierbaum gepflanzt, Azoren, westl. und zentrales Mittelmeergebiet).

Afrikanische Tamarisk[e]
Tamarix africana

T C F L

Schneeweiße Vielfrucht

Polycarpaea nivea

Saladillo blanco común

Nelkengewächse *Caryophyllaceae* 0,05–0,3 m XII–V

Insgesamt 9 Vielfrucht-Arten, darunter 7 Endemiten, sind auf den Kanaren heimisch. Bezeichnend für sie ist, dass man sich auch zur Blütezeit nach den wenigen kleinen, gleichzeitig offenen Blüten zwischen zahlreichen geschlossenen Knospen bücken muss.

Beschreibung Am Grund verholzte, niedrige, variable Pflanze mit lanzettlichen bis ovalen, fleischigen, ± silbrig weißen, bis 1 cm langen Blättern. Sehr kleine 5-zählige Blüten in dichten knäueligen Blütenständen. Kronblätter schmal, weißlich durchscheinend, so lang wie die Kelchblätter, diese außen oft rötlich überlaufen, breit weiß hautrandig, innen meist grün (Kanaren, Kapverden, NW-Afrika).

Weitere Art Die Fleischige Vielfrucht ist an ihren kahlen, oft blaugrün bereiften, etwas fleischigen, eiförmig-spateligen bis fast rundlichen Blättern gut kenntlich. Blütenstände dicht, fast kugelig, die Blütenkronen unscheinbar, gelblich grün (Felsstandorte, G, T, C, Kanaren-Endemit).

Fleischige Vielfrucht
Polycarpaea carnosa

▼ G T C F L

Moquin-Traganum
Balancón

Traganum moquinii 0,5–2 m III–IV

Fuchsschwanzgewächse *Amaranthaceae (Chenopodiaceae)*

Der bizarre Strauch mit seinen waagerechten bis aufsteigenden weißlichen, dicht beblätterten Ästen ist schon von Weitem zu erkennen. Oft sitzt er dekorativ auf den Dünenkämmen, bildet aber auch Bestände. Da die Art gerne als Schattenspender dient, stellt der zunehmende Tourismus eine gewisse Gefährdung für sie dar.

Beschreibung Blätter fleischig, graugrün und sitzend, oval bis länglich, oberseits flach, im Querschnitt halbkreisförmig, stumpf mit winziger Spitze und einem Haarbüschel am Grund. Dicht behaarte, winzige, 5-zählige, gelbe Blüten einzeln in den Blattachseln mit je 2 blattähnlichen Tragblättern. An den Früchtchen 2 hornartige Fortsätze (Kanaren, Kapverden, Marokko).

Weitere Art Das Sperrige Salzkraut ist am besten zur Fruchtzeit (VIII–IV) zu erkennen, wenn sich die Anhängsel der 5 winzigen Blütenhüllblätter zu häutigen, gelblichen oder rot überlaufenen, ansehnlichen abstehenden Flügeln entwickelt haben (alle Inseln, außer H, Kanaren-Endemit).

Sperriges Salzkraut
Salsola divaricata

H P T C F L

Filzige Steppenmelde **Algahuera**

Bassia tomentosa 0,1–0,5 m XI–IV

Fuchsschwanzgewächse *Amaranthaceae (Chenopodiaceae)*

In der Küstenvegetation kennzeichnend sind vor allem Pflanzen mit dickfleischigen Blätter und oft unscheinbaren Blüten, wie sie unter den Gänsefußgewächsen (*Chenopodiaceae*) verbreitet sind. Diese Familie wird heute den Fuchsschwanzgewächsen zugeordnet.

Beschreibung Kleiner, stark verzweigter, graugrün behaarter Halbstrauch. Blätter fleischig und halbstielrund, bis 1 cm lang, obere oval bis rundlich und sich nahezu überlappend. Blüten winzig, gelblich, zu 1(–3) in den oberen Blattachseln, ihre kleine, häutige Hülle 2,5 mm, zur Fruchtzeit nicht vergrößert. Staubblätter zuletzt weit herausragend (Kanaren, Madeira, NW-Afrika).

Weitere Art Die kahle, zunächst graugrüne, später rötliche Weiche Sode hat kurz gestielte, etwa 5 mm große, fleischige, tropfenförmige Blätter, die oberseits oft etwas eingedellt aussehen. Winzige achselständige Blüten mit auffälligen gelben Staubbeuteln. Früchte ohne häutige Flügel (T, C, F, L, südl. Mittelmeergebiet).

Weiche Sode
Suaeda vermiculata

P G T C F L

Ästige Sonnenwende Camellera

Heliotropium erosum

Raublattgewächse *Boraginaceae* 0,2–0,4 m II–VIII

Zu den Raublattgewächsen gehörende Pflanze, die ihren wissenschaftlichen Namen mehrfach gewechselt hat. Da für viele Sonnenwenden Giftstoffe (Alkaloide) nachgewiesen wurden, sollte man von arzneilicher Anwendung, wie sie häufig für die Volksheilkunde angegeben wird, Abstand nehmen, bis die Arten näher untersucht worden sind.

Beschreibung Am Grund verholzte, niederliegende bis aufsteigende, graugrüne Pflanze, fein behaart und mit weißen Borstenhaaren. Blätter fast sitzend, eiförmig-rhombisch, am Rand gewellt-gekerbt und umgebogen. Blüten duftend, im Schlund gelb, der weiße 5-lappige Blütensaum 3–4 mm breit (auch Madeira, Kapverden, Afrika).

Weitere Art Die Europäische Sonnenwende ist 1-jährig und unterscheidet sich durch gestielte, flache und ganzrandige, weich behaarte Blätter. Blüten geruchlos (Brachland, Wegränder, P, T, C, F, L, Madeira, Azoren, Mittelmeergebiet bis Mitteleuropa).

Europäische Sonnenwende
Heliotropium europaeum

H P G T C F L

Strauch-Dornlattich

Aulaga

Launaea arborescens

Korbblütler *Asteraceae* 0,3–1,5 m XII–VI

Abgestorbene verhärtete Ästchen des Kugelbusches wirken wie Dornen und können schmerzhafte Verletzungen hervorrufen. Die Pflanze verströmt über ihren Milchsaft einen unangenehmen Geruch, von Ziegen gefressen wird der Geschmack ihrer Milch, von Käse und Fleisch beeinträchtigt. Die Blüten nutzte man aufgrund ihres Gehaltes an Bitterstoffen zur Anregung der Leber- und Gallenfunktion sowie als Abführmittel.

Beschreibung Kahler, graugrüner Kugelbusch mit zickzackförmig verzweigten Ästen. Nur junge Pflanzen und ältere im Winter mit hinfälligen fleischigen Blättern. Blütenköpfchen mit gelben Zungenblüten und breit hautrandigen Hüllblättern. Meist sandige Flächen, auch höher im Sukkulentenbusch (Kanaren, Madeira, Kapverden, NW-Afrika, SO-Spanien).
Weitere Art Der Nacktstängelige Dornlattich ist krautig, der Blütenstand nur bis 0,4 m hoch. Die Rosette aus löwenzahnartigen Blättern liegt dem Boden an (alle Kanareninseln, südl. Mittelmeergebiet bis Afghanistan).

Nacktstängeliger Dornlattich
Launaea nudicaulis

Felsküsten

Felsküsten sind weit verbreitet. Teilweise fallen sie mehr als hundert Meter fast senkrecht ins Meer, wie die bekannte Felsküste von Los Gigantes auf Teneriffa oder die von Basaltsäulen gebildeten Steilwände von Los Organos auf La Gomera, und sind dann weitgehend pflanzenfrei. Oft gibt es auch stufige Abschnitte, wie an der Westküste von Gran Canaria „Anden Verde", die dann einige Arten beherbergen. Häufig sind noch Geröllstreifen vorgelagert. Der Pflanzenwuchs verdankt seine Existenz der Anpassung an die Toleranz gegenüber salzhaltigem Spritzwasser, das besonders bei Stürmen bis über 100 m hinauf die Felsen erreichen kann. Manche Pflanzen bewerkstelligen dies durch Stammsukkulenz wie der Warzige Strandflieder oder die Blattlose Wolfsmilch, andere auch durch Blattsukkulenz wie die Nymphendolde oder der im ganzen Mittelmeergebiet verbreitete Meerfenchel. Schließlich können einzelne, wie zum Beispiel der Kammförmige Strandflieder, auch aktiv Salz durch Drüsen ausscheiden. So ist die Arten- und Individuenzahl an den Felsküsten nicht sehr hoch, aber einige interessante Endemiten haben sich doch an diesen extremen Standorten entwickeln können. Einige sind allerdings recht selten, wie die beiden Spindelkraut- und die Flohkraut-Arten. Aber auch oberhalb des Spritzwasserbereiches können die Felsküsten botanisch interessant sein und einzelne Endemiten tragen, wie die Famara-Reichardie (*Reichardia famarae*) oder den Dicklichen Bartpippau (*Tolpis crassiuscula*). Manche Pflanzen kommen sowohl an Sandstränden als auch an Felsküsten vor, wie zum Beispiel das Desfontaines-Jochblatt.

Felsküste Anden Verde, Gran Canaria

G T C

Blattlose Wolfsmilch **Tolda**

Euphorbia aphylla

Wolfsmilchgewächse *Euphorbiaceae* 0,4–0,8 m III–VII

Wolfsmilch-Arten haben sehr unterschiedliche Wuchsformen, gemeinsam ist ihnen aber eine besondere Form des unscheinbaren Blütenstandes: Das auch als Scheinblüte bezeichnete Cyathium besteht aus 4 (5) Nektardrüsen und nur 1 zentralen weiblichen Blüte, die von männlichen Blüten, jeweils auf 1 Staubblatt reduziert, umgeben ist.

Beschreibung Dichter kahler Strauch mit grünen oder graugrünen, ± aufrechten, fleischigen, zylindrischen, bis 7 mm dicken und gegliederten Ästen. Sie führen einen giftigen, weißen Milchsaft. Die Pflanze ist völlig blattlos, einer Tatsache, der sie auch ihren Namen verdankt. Die grünlich gelben winzigen Scheinblüten sitzen an den Astenden und bilden zur Fruchtzeit schwach 3-geteilte, rötlich braune Kapseln (Vorkommen an windexponierten Felshängen noch im Einflussbereich des Meeres, überwiegend an den Nordküsten der Inseln, Kanaren-Endemit). Selten kommen Hybriden mit *Euphorbia lamarckii* oder *E. atropurpurea fo. lutea* vor.

Blattlose Wolfsmilch
Euphorbia aphylla

H P G T C

Kammförmiger Strandflieder

Limonium pectinatum **Siempreviva de mar**

Bleiwurzgewächse *Plumbaginaceae* 0,05–0,3 m I–VI

Die Gattung Strandflieder ist auf den Kanaren mit 18 endemischen Arten vertreten, von denen die meisten nur auf ein oder zwei Inseln vorkommen. Viele sind nur in kleinen, manchmal unzugänglichen Gebieten anzutreffen. Der Kammförmige Strandflieder ist am häufigsten und am weitesten verbreitet.

Beschreibung Die am Grund verholzte, kleine aufrechte oder auch niederliegende Art mit zahlreichen Blattrosetten ist sehr formenreich. Blätter grün oder graugrün, ± breit spatelig, nur bis 5 cm lang, Stängel kaum geflügelt. Blüten unscheinbar, hellviolett bis weiß, Kelch innen weißlich, am Grund rötlich (Fels- und Sandküsten, Kanaren-Endemit).
Weitere Art Beim Warzigen Strandflieder sind die Blätter zur Blütezeit oft schon vertrocknet. Die zickzackförmigen, ungeflügelten Stängel tragen zahlreiche nicht blühende Ästchen, die mit papillösen weißen Drüsen bedeckt sind. Blüten blassviolett mit weißlichen Kelchen (▼ F, L, Kanaren-Endemit).

Warziger Strandfliede
Limonium papillatum

Strauchiger Strandflieder — Siempreviva de El Fraile

Limonium frutescens

Bleiwurzgewächse *Plumbaginaceae* 0,2–0,5 m II–IV

Die hier vorgestellten Endemiten sind Arten der Felsküsten, weitere wachsen durchaus in höheren Stufen. Fast alle sind selten und vor allem durch Vernichtung ihrer Standorte gefährdet. Zahlreiche Hybriden sind heute beliebte Zierpflanzen und werden erfolgreich kultiviert.

Beschreibung Beispiel eines kleinen, am Grund verholzten Strandflieders mit kahlen, kurz gestielten, breit eiförmigen, am Rand schwach gewellten Blättern. Stängel des Haupttriebes nur sehr schmal geflügelt, die Blütenstiele mit stumpfen Anhängseln. Weiße Kronen in blauen, gekerbten Kelchen (Teneriffa-Endemit, im Norden).

Weitere Art Der Dachige Strandflieder ist an seiner Rosette aus weich behaarten Blättern mit größerem Endlappen und Abschnitten, die zum Teil dachziegelig übereinandergreifen, leicht kenntlich. Stängel im Blütenstand breit wellig geflügelt. Kronen weiß, in weiten, violetten Kelchen (▼ P, T, im Norden der Inseln, Kanaren-Endemit, 0,1–0,3 m, II–VI).

Dachiger Strandflieder
Limonium imbricatum

▼ T C

Despréaux-Spindelkraut **Piñamar**

Atractylis preauxiana

Korbblütler *Asteraceae* 0,1–0,3 m III–V

Die beiden bemerkenswerten Spindelkraut-Arten sind seltene Kanaren-Endemiten und mit ihren nur kleinen Vorkommen an Felsküsten, seltener auch auf sandigem Untergrund, durch zunehmende Bebauung und Erweiterung des Wegenetzes vom Aussterben bedroht.

Beschreibung Silbergrauer, fein oder dicht filzig behaarter, polsterartig wachsender Zwergstrauch, die linealen bis verkehrtlanzettlichen Blätter mit kleiner aufgesetzter Spitze. Etwa 15 mm breite Blütenköpfchen einzeln an den Zweigenden mit wenigen weißen oder rosafarbenen, 5-zähnigen Zungenblüten, einigen Röhrenblüten und dachziegelartig angeordneten, filzigen Hüllblättern mit rötlich braunem Rand und feinem, dunklem Dorn.
Weitere Art Das Bäumchen-Spindelkraut bildet etwas höhere Kugelbüsche (0,2–0,5 m). Blätter schmal, lineal bis sichelförmig, silbrig behaart und dornig bespitzt. Hüllblätter dunkelbraun berandet, an der Spitze ebenfalls mit ± langem, dunklem Dorn (▼ C, L, in 2 Unterarten).

Bäumchen-Spindelkra
Atractylis arbuscula

T ▼

Burchard-Strauchflockenblume

Cheirolophus burchardii **Cabezón de Teno**

Korbblütler *Asteraceae* 0,3–1,5 m IV–VII

Strauchflockenblumen erinnern in ihren Blütenköpfen zunächst an die auch in Mitteleuropa heimischen Arten der Gattung *Centaurea*. Allerdings sind sie alle strauchartig und kommen in kleinen Gebieten jeweils nur einer Insel vor, allein die Teide-Strauchflockenblume (s. Seite 168) bildet eine Ausnahme. Die Hüllblätter liefern wichtige Bestimmungsmerkmale.

Beschreibung Kleiner, fein behaarter Felsenstrauch. Blätter meist alle ungeteilt, am Rand schwach unregelmäßig gesägt-gezähnt. Blüten purpurrot mit auffälliger Hülle, deren Blätter mit halbmondförmigen, regelmäßig kammartig zerteilten und an den Rändern breit herablaufenden Anhängseln (Teneriffa-Endemit, nur im NW der Insel).
Weitere Art Die bis 3 m hohe Erdbeerbaumblättrige Strauchflockenblume hat kahle Äste. Blätter drüsig-klebrig, glänzend, lanzettlich und fein gesägt. Hüllblätter der rotblütigen Köpfchen mit kleinen, kaum zerschlitzten Anhängseln (▼ Felsen, 400–800 m, C, endemisch).

rdbeerbaumblättrige
Strauchflockenblume
Cheirolophus arbutifolius

(▼) H P G T C L

Strauchige Kanarenmargerite

Argyranthemum frutescens **Magarza común**

Korbblütler *Asteraceae* 0,2–0,8 m I–XII

Die 19 endemischen Argyranthemum-Arten der Inseln sind an unterschiedliche Klimabereiche angepasst. Diese Küstenart ist eine von vielen der auch als Zierpflanzen beliebten „Strauchmargeriten". In der Volksheilkunde galt der bittere Tee aus den blühenden Triebspitzen als hilfreich bei Magenbeschwerden, inzwischen kennt man aber auch die Hautallergien auslösende Potenz der Pflanze bei Berührung.

Beschreibung Sehr variable Art mit ± fleischigen, grünen oder blaugrünen, kahlen oder unterseits rau behaarten, 1–2(–3)fach fiederschnittigen Blättern. Blütenköpfchen auf langen, kahlen Stielen, ihre Hülle 6–22 mm breit, die Zungenblüten 4–15 mm lang (Küsten, bis in den Sukkulentenbusch).
Weitere Art Pfriemliche, überwiegend nur 3-fiedrige, grüne, kahle Blätter hat die Zierliche Kanarenmargerite. Hülle 6–12 mm breit, Zungenblüten 10–14 mm lang (Sukkulentenbusch, bis in die Kiefernwälder aufsteigend, Teneriffa-Endemit, häufig im SW, II–X).

Zierliche Kanarenmargerite
Argyranthemum gracile

F L ▼

Kanaren-Flohkraut

Pulicaria canariensis **Pulicaria purpurarea**

Korbblütler *Asteraceae* 0,1–0,2 m (XII–)II–IV

Der kanarische Name der Art beruht auf der alten Bezeichnung Purpurarien für Lanzarote und Fuerteventura. Dort wurde der Purpurfarbstoff (Orseille) aus der Orchilla-Flechte (*Roccella tinctoria*) gewonnen, der schon bei den Phöniziern ein begehrtes Handelsobjekt war.

Beschreibung Niedrige Pflanze mit dicker verholzter Hauptwurzel und einer Rosette aus breit spatelförmigen, ganzrandigen oder entfernt geschweift-gezähnten, ± dicht wollig behaarten Blättern. Blütenköpfe 3,5–4,5 cm breit, einzeln auf blattlosem Stiel. Ihre mehrreihige, halbkugelige Hülle behaart und mit Drüsen besetzt, die Zungen- und Röhrenblüten leuchtend gelb (Kiesstrände, Felsen am Meer, endemisch auf F und L).
Weitere Art Das kurz silberweiß behaarte Burchard-Flohkraut hat schmale, stumpfliche, ganzrandige Blätter und nur 15–17 mm breite Köpfchen, die einzeln an der Spitze beblätterter Triebe stehen. Zungenblüten hellgelb, Röhrenblüten dunkler (▼ Sandküsten auf F, Kapverden, SW-Marokko).

Burchard-Flohkraut
Pulicaria burchardii

Seidenhaarige Schizogyne

Schizogyne sericea **Salado blanco**

Korbblütler *Asteraceae* 0,3–1 m II–VI

Deutsche Namen gibt es für viele Kanaren-Endemiten nicht, sodass man oft auf den lateinischen Namen zurückgreift. Schizogyne bezieht sich auf die tief gespaltene Narbe der kleinen Blüten. Schon lange traditionell äußerlich gegen Schmerzen und Entzündungen genutzt, wurde kürzlich das ätherische Öl näher untersucht. Einige Bestandteile könnten in Zukunft eine breite medizinische Anwendung begründen.

Beschreibung Fein silberweiß behaarter Strauch mit 3–5 cm langen, linealen, etwas fleischigen Blättern. Doldenartig angeordnete, 5–6 mm breite Blütenköpfchen ohne Zungenblüten, die gelben Röhrenblüten kaum länger als die mehrreihigen, häutigen Hüllblätter. Die Früchtchen mit Schuppen und einer Reihe rauer Borsten (von der Küste bis in den unteren Sukkulentenbusch, endemisch auf den Kanaren).

Weitere Art Nur auf Gran Canaria kommt die Kahle Schizogyne vor allem im Süden vor. Die Blätter sind fleischig, kahl und grün (▼ C-Endemit).

Kahle Schizogyne
Schizogyne glaberrima

H P G T C F L

Nymphendolde — Lechuga de mar, servilleta

Astydamia latifolia

Doldenblütler *Apiaceae* 0,1–0,4 m XII–IV

Im Spritzwasserbereich der Felsküsten findet man verbreitet die frischgrüne Nymphendolde, allerdings vertrocknet sie schon zeitig im Sommer. Blättern und jungen Trieben spricht man eine verdauungsfördernde und harntreibende Wirkung zu. Sie werden (mit leichtem Selleriegeschmack) noch gelegentlich in kleinerer Menge als Beigabe zu Salaten gegessen.

Beschreibung Kräftige ausdauernde Pflanze mit fleischigen, unregelmäßig gefiederten Blättern, ihre Abschnitte breit und entfernt gezähnt. Dolden mit zahlreichen Hüll- und Hüllchenblättern und gelben Blüten. Reife Früchte braun, seitlich verbreitert, jeweils mit 3 Rippen (auch auf Madeira, Marokko).

Weitere Art Der an entsprechenden Felsküsten auf Kalk im Mittelmeergebiet häufige Meerfenchel (perejil de mar) hat fleischige, blaugrüne, 1–2fach gefiederte Blätter mit linealen Abschnitten. Auf den Kanaren ist er seltener, auf Lanzarote fehlt er ganz (I–XII).

Meerfenchel
Crithmum maritimum

Sukkulentenbusch

Der Sukkulentenbusch stellt einen Gürtel oberhalb der Sand- und Felsküsten dar und verdankt seinen Namen stammsukkulenten Arten wie der Kanaren-Wolfsmilch, der Kleinie oder den Leuchterblumen. Dominierend sind aber einige kleinbaumförmige, strauchgroße Wolfsmilch-Arten, die sich in der Höhe über dem Meeresspiegel und auf den einzelnen Inseln ersetzen. In der Trockenzeit, bei ausbleibendem Regen auch gelegentlich ganzjährig, bilden sie eindrucksvolle, blattlose Bestände, nach Niederschlägen zeigen sich an den Zweigenden charakteristische Blattbüschel und Blütenstände. Die Arten werden deshalb auch als Federbüsche bezeichnet.

Oberhalb der Küstenvegetation findet sich auf allen Inseln die Balsam-Wolfsmilch in großen Beständen, darüber auf den Westinseln vor allem die Lamarck-Wolfsmilch (im Süden bis 800 m ansteigend), auf den Ostinseln die König-Juba-Wolfsmilch. Die oberste Stufe des Sukkulentenbusches (bis 1200 m) bildet im Westen Teneriffas die Dunkelpurpurrote Wolfsmilch. Zwischen ihnen finden sich zahlreiche ausdauernde, oft verholzte Endemiten, nach Niederschlägen auch viele einjährige, meist mediterrane Pflanzen. Während der Sukkulentenbusch im Süden der Inseln teils bis zu den Kiefernwäldern ansteigt, bildet er auf den Nordseiten manchmal nur schmale Streifen. Allerdings wird diese Zone heute durch Siedlungen und durch großflächige Kulturen, besonders von Bananen, und vor allem auf den Ostinseln durch ausgedehntes Weideland unterbrochen. In aufgelassenem Kulturland dominiert auf den Westinseln bald wieder neu die Lamarck-Wolfsmilch.

Sukkulentenbusch im Malpaís de Güímar, Teneriffa

H P G T F L

Breitblättriger Blaustern — Cebolla almorrana mayor

Scilla latifolia

Spargelgewächse *Asparagaceae* Bis 0,5 m XII-I

Auch die Blaustern-Arten der Kanaren sind stark giftig und ihre Zwiebeln in keinster Weise zum Verzehr geeignet. Sie enthalten herzwirksame Steroidglykoside (Bufadienolide), die man nur nach ärztlicher Verordnung u. a. bei Herzschwäche einsetzt.

Beschreibung Winterblüher mit großer Zwiebel und 3–6 grundständigen, 4–5 cm breiten, lanzettlichen, zur Blütezeit häufig violett überlaufenen Blättern. Blüten blau, mit 6-zähliger, 4–6 mm langer, sternförmig ausgebreiteter Hülle in langen, dichten, manchmal verzweigten Trauben. Grünschwarze, zuletzt orange fleischige Kapseln (im oberen Sukkulentenbusch, auch Marokko).

Weitere Art Der Rotschäftige Blaustern ist dagegen schmächtig, die Zwiebel bis 1 cm groß. Oft nur 2–3 grundständige, bis 1,5 cm breite, lanzettliche Blätter. Blütenschaft häufig rot überlaufen, die 6-zähligen blauvioletten Blüten 3 mm lang, in lockerer, einfacher Traube (oft in Küstennähe, alle Kanareninseln, endemisch, bis 0,2 m, I–IV).

otschäftiger Blaustern
Scilla haemorrhoidalis

Pastor-Spargel

Asparagus pastorianus

Esparraguera espinablanca

Spargelgewächse *Asparagaceae* 0,5–1 m VII–X

Bei Spargel denkt man zunächst an die wohlschmeckenden jungen Sprosse, die man gerne als Gemüse isst. Es gibt mehrere endemische strauchige Arten, die von den Einheimischen ebenfalls gesammelt und genutzt werden. Auch die harntreibende Wirkung der Wurzelstöcke und Zweige ist in der Volksheilkunde bekannt. Dieser Spargel wurde nach L. Pastor, einem Freund der Beschreiber der Art, benannt.

Beschreibung Stark verzweigter Strauch mit kräftigen Dornen. Phyllokladien (blattartige, der Photosynthese dienende Kurztriebe) in Büscheln zu 8–30, nicht stechend, 12–40(–70) mm lang. Blüten doldenartig zu 6–20, Hüllblätter etwa 3 mm lang, weiß. Beeren rot (Kanaren, Marokko).

Weitere Art Zweige des Dolden-Spargels kletternd, mit papillösen Längsleisten und steifen, rinnigen, rauen, 6–20 mm langen Phyllokladien. Blüten zu 4–15, glockig, 5–7 mm lang, gelblich weiß. Beeren gelblich bis orange (▼ H, P, G, T, C, F, Madeira, bis 5 m hoch, III–V).

Dolden-Spargel
Asparagus umbellatus

H P G T C F L ▼

Baum-Spargel Esparragón

Asparagus arborescens

Spargelgewächse *Asparagaceae* 2–3 m IX–I

Der Baum-Spargel trägt seinen Namen zur Recht, überragt er doch mit seinen kräftigen Stängeln und wenigen, glatten, sparrigen Ästen oft die Sträucher im Sukkulentenbusch und ist daher schon von weitem zu erkennen. Die Beeren von Spargel-Arten sind nicht essbar!

Beschreibung An den Astenden 4–12 cm lange, mit 0,6–1,2 mm breite, relativ kräftige, einzelne oder zu 2–4(–8) aufrechte bis abstehende Phyllokladien. Blüten weißlich, zu 1–4(–8), ihre Hüllblätter glockig, später ausgebreitet, etwa 4 mm lang, Beeren orange (Kanaren-Endemit).
Weitere Art Der Plocamaähnliche Spargel (siehe Plocama S. 51) kann ebenfalls so hoch werden, die Äste sind aber biegsam und am Ende überhängend. Phyllokladien 20–35 mm lang, wenig abstehend und nur zu 1–3(–6). Blüten oft einzeln, mit weißlicher 3–4 mm langer Hülle, Beeren rötlich (▼ bis in die Kiefernwälder und den Baumheide-Buschwald aufsteigend, P, G, T, C, Kanaren-Endemit).

Plocamaähnlicher Spargel
Asparagus plocamoides

H P G T C F L

Balsam-Wolfsmilch Tabaiba dulce

Euphorbia balsamifera

Wolfsmilchgewächse *Euphorbiaceae* 0,2-2(-3) m XII-VII

Die Bestände der Balsam-Wolfsmilch werden auf den Kanaren als „Tabaibales dulces“ bezeichnet. Der Milchsaft dieser Art gilt im Gegensatz zu dem aller anderen kanarischen Wolfsmilch-Arten als ungiftig. Man nutzte ihn u. a. getrocknet als Kaugummi zur Stärkung des Zahnfleisches, was heute aber nicht mehr empfohlen werden kann.

Beschreibung Niedrige Kugelbüsche, oft flächendeckend meeresnah im untersten Bereich des Sukkulentenbusches, ältere Exemplare auch mit Stamm und kräftigem, grauem Astwerk, das in windexponierten Lagen dem Boden anliegt. Blätter bis 3,5 cm lang, verkehrt eilanzettlich, schopfig an den Zweigenden sitzend, etwas fleischig, hell- bis graugrün, nach einer Trockenperiode vergilbend und abfallend. „Scheinblüten“ (s. S. 43-45) einzeln endständig, mit grünlich gelben, breit ovalen Nektardrüsen, männliche und weibliche meist auf getrennten Pflanzen. Die etwa 1 cm großen, fast kugeligen Früchte rötlich, fein behaart (Kanaren, N-Afrika).

Balsam-Wolfsmilch
mit Früchten

H P G T C F

Kanaren-Wolfsmilch **Cardón canario**

Euphorbia canariensis

Wolfsmilchgewächse *Euphorbiaceae* 2-3(-4) m IV-VII

Man könnte die bisweilen landschaftsbestimmende („Cardonales“), endemische Art für eine Kaktee halten, gäbe es nicht die paarweise übereinander angelegten, rotbraunen, gebogenen Dornen an den Kanten anstelle der für Kakteen typischen Polster mit zahlreichen kleinen Borsten. Vorsicht vor Verletzungen, der Milchsaft ist stark giftig und sollte nicht auf der Haut verbleiben, keinesfalls aber in die Augen gelangen.

Beschreibung Alte Exemplare erreichen 10 m im Durchmesser, ihre kandelaberartig gebogenen, grünen oder graugrünen Triebe sind 8–15 cm dick und meist 5-kantig. An den Sprossenden jeweils zu dritt sitzende, grünlich rote Scheinblüten, die mittlere männlich, die 2 seitlichen weiblich. Nach der Befruchtung bilden sich 2 Reihen der rotbraunen Kapseln.
Weitere Art Die Jandía-Wolfsmilch ist nur bis 1 m hoch. Triebe 6–8 cm dick, mit 8–14 lang bedornten Rippen. Scheinblüten gelblich grün, meist einzeln und 1-geschlechtig (▼ Fuerteventura-Endemit).

Jandía-Wolfsmilch
Euphorbia handiensis

Lamarck-Wolfsmilch **Tabaiba amarga**

Euphorbia lamarckii

Wolfsmilchgewächse *Euphorbiaceae* 0,4–2(–3) m II–V

Die Gruppe der strauchförmigen Wolfsmilch-Arten ist auf den Kanaren mit 8 Arten vertreten, die oft auf weiten Flächen die Landschaft bestimmen („Tabaibales"), 6 davon sind endemisch. Die Blätter stehen gedrängt an den Zweigenden, daher der Name „Federbüsche". Fast alle haben giftigen Milchsaft und wurden zeitweise zum Fischfang genutzt.

Beschreibung Wolfsmilch-Art meist mit deutlichem Stamm. Scheindolden mit 2–7 oft nochmals verzweigten Strahlen, die hellgrünen Hochblätter zur Fruchtzeit bereits abgefallen, die eiförmigen Nektardrüsen der Scheinblüten ohne Hörner. 2 Unterarten: nur im Süden von Teneriffa Blätter deutlich spitz, im Norden und auf den anderen Inseln Blätter an der Spitze stumpf oder ausgerandet. Dreiteilige rotbraune Kapseln (Kanaren-Endemit).
Weitere Art Die König-Juba-Wolfsmilch trägt unterhalb der Scheinblüten große, hell grünlich gelbe Hochblätter, die zur Fruchtzeit gewöhnlich noch erhalten sind. Nektardrüsen kurz gehörnt (C, F, L, W-Marokko).

König-Juba-Wolfsmilch
Euphorbia regis-jubae

T

Dunkelpurpurrote Wolfsmilch

Tabaiba majorera

Euphorbia atropurpurea

Wolfsmilchgewächse *Euphorbiaceae* 0,5–2 m III–IV

Diese Wolfsmilch-Art erkennt man schon aus der Ferne. In ihrem relativ kleinen Areal vor allem an der Westseite der Insel Teneriffa tritt sie durchaus häufig im oberen Sukkulentenbusch auf und macht hier mit ihren dunkelpurpurroten Scheinblüten und ihrer zimtbraunen Rinde auf sich aufmerksam.

Beschreibung Blätter des Strauches schopfig an den Zweigenden, blaugrün, länglich spatelig, mit 15 cm ziemlich lang. Scheindolde aus 5–15 kurzen Strahlen, diese nochmals 4-armig verzweigt, Hochblätter nierenförmig, am Grund verwachsen, meist purpurrot, sehr selten auch gelblich. Ovale, gelbgrüne Nektardrüsen. Kapseln dunkel rotbraun (Teneriffa-Endemit).

Weitere Art Eine seltene Art der Nordostseite von La Gomera ist die Bravo-Wolfsmilch mit dunkelbraunen Ästen und graugrünen Blättern. Scheindolde mit 6–9 langen Strahlen, diese nochmals verzweigt. Kapseln hell rötlich braun (La Gomera-Endemit).

Bravo-Wolfsmilch
Euphorbia bravoana

Staubiger Zeiland — Orijama

Neochamaelea pulverulenta (Cneorum pulverulentum)

Rautengewächse *Rutaceae (Cneoraceae)* 0,5–1,5 m I–V

Durch seine graufilzigen Stängel und Blätter auffällige und lokal häufige Art im Sukkulentenbusch. Sie ist der auf den Kanaren endemische Vertreter der seltenen Zwergölbaumgewächse (heute zu den Rautengewächsen gestellt).

Beschreibung Dicht und kurz behaarter graugrüner Strauch mit sitzenden, derben, linealischen, stumpfen Blättern. Blüten zu mehreren in den oberen Blattachseln, mit (3–)4 gelben Kronblättern. Von den 4 möglichen Teilfrüchten ist oft nur eine entwickelt, kugelig, bis 1 cm im Durchmesser, zunächst graufilzig überzogen, zuletzt glänzend braunrot. Sie werden gerne von Eidechsen gefressen, die damit zur Samenverbreitung beitragen. Die Pflanze war schon den Ureinwohnern bekannt und wurde in Mumifizierungszeremonien verwendet. Traditionell wurde „leña buena" (Gutes Holz) auch als Heilmittel eingesetzt. Der Tee aus den Stängeln galt als hilfreich bei Erkältungen, auch den Blutzucker senkende Eigenschaften wurden ihm zugeschrieben.

Staubiger Zeiland
Früchte

H P G T C F L

Kanaren-Sonnenröschen

Jarilla turmera

Helianthemum canariense

Zistrosengewächse *Cistaceae* 0,05–0,25 m XII–IV

Sonnenröschen heißen so, weil sie die gelben Blüten nach der Sonne ausrichten. Am späteren Nachmittag fallen schon alle Kronblätter ab, sodass die Pflanze dann kaum beachtet wird. Fast alle der 17 auf den Kanaren vorkommenden Arten sind Endemiten und selten. Das Kanaren-Sonnenröschen ist am häufigsten (auch bis N-Afrika).

Beschreibung Zwergstrauch mit graugrünen, dicht behaarten, ovalen, flachen oder umgerollten Blättern, ihr Stiel ± so lang wie die Nebenblätter. Blüten blassgelb, 1–2 cm breit, mit 25 Staubblättern. Die 3 inneren, kräftig genervten Kelchblätter größer als die beiden äußeren. Kapseln behaart. Auf den Wurzeln wächst ein essbarer Pilz mit trüffelähnlichem Geschmack, der besonders auf Lanzarote geschätzt wird (Kanaren, Marokko).

Weitere Art Das Thymianblättrige Sonnenröschen hat länglich-lanzettliche, ± kahle, frischgrüne, glänzende Blätter, ihr Stiel ist länger als die Nebenblätter. Staubblätter höchstens 15, Kapseln kahl (▼ F, L, endemisch).

Thymianblättriges Sonnenröschen
elianthemum thymiphyllum

Mittlere Parolinia — Dama de Tenerife

Parolinia intermedia

Kreuzblütler *Brassicaceae* 0,5–1,3(–2) m III–V

Alle 7 Arten dieser kanarisch-endemischen Gattung sind ziemlich unscheinbare Sträucher. Auffällig und unverwechselbar sind bei näherer Betrachtung ihre Früchte, längliche Schoten, die am Ende 2 aufrechte, verlängerte, nochmals 2-teilige Anhängsel tragen. Der viel kürzere Griffel dazwischen bleibt erhalten. Auf C gibt es 4 Arten, die übrigen wachsen jeweils nur auf einer Insel (P, G, T).

Beschreibung Reich verzweigter, von Sternhaaren grauer Strauch, oft mit kleinem Stamm. Blätter etwas fleischig, linealisch, etwa 2 mm breit, am Ende stumpf. Blüten in endständigen Trauben, mit 4 violetten oder weißen, 7–8 mm langen Kronblättern. Schoten mit Anhängseln bis 1,8 cm lang, in jedem Fach 3–5 fast quadratische Samen.
Weitere Art Die Geschmückte Parolinia hat weiße, außen oft rosa überlaufene, am Rand gewellte Kronblätter. Schoten 2–2,5 cm lang, mit 5–8 ovalen Samen (Gran Canaria-Endemit).

Geschmückte Parolinia
Parolinia ornata

H P G T C F L

Kanaren-Ampfer Vinagrera

Rumex lunaria

Knöterichgewächse *Polygonaceae* 1–2,5 m XII–V

Der Kanaren-Ampfer ist weit verbreitet und begegnet uns häufig auch an Straßenrändern, an Felsen und in Barrancos. In der Volksmedizin ist „Vinagrera" ein bekanntes Mittel, äußerlich z. B. bei Hautproblemen, Insektenstichen, verstopfter Nase, innerlich u. a. als mildes Abführmittel oder bei grippalen Infekten. Wegen des Oxalsäure-Gehaltes sind Einschränkungen zu beachten.

Beschreibung Ganzjährig grüner kahler Strauch. Blätter fleischig, breit eiförmig, am Grund oft verschmälert, lang gestielt. Rispen aus 6-zähligen, kleinen Blüten, weithin sichtbar sind die grünlichen oder rötlichen Früchte. Ihre drei 5–9 mm großen Flügel mit je 1 Schwiele (Kanaren-Endemit).
Weitere Art Der Blasen-Ampfer (1-jährig, bis 0,4 m) hat graugrüne, 3-eckige, am Grund verschmälerte bis spießförmige Blätter. Auffällig sind die drei roten, 10–20 mm großen Fruchtflügel mit deutlicher Nervatur, jeweils zwei davon mit Schwiele (Kanaren, alle Inseln, Kapverden, südl. Mittelmeergebiet und weiter).

Blasen-Ampfer
Rumex vesicarius

H P G T C F L

Echter Feigenkaktus — Tunera común

Opuntia maxima (O. ficus-indica)

Kakteen *Cactaceae* 2–5 m IV–VII

Die beiden Feigenkaktus-Arten (heimisch in Mittelamerika) sind im ortsnahen Sukkulentenbusch an vielen Standorten so eingebürgert, dass man sie für einen natürlichen Bestandteil halten könnte. Seit dem 19. Jahrhundert wurde der Echte Feigenkaktus auf den Kanaren zur Zucht der Cochenille-Laus angebaut (heute noch auf Lanzarote), um daraus Karmin als Farbstoff für Lebensmittel und Kosmetika zu gewinnen.

Beschreibung Strauch mit fleischigen, flachen, eilänglichen Stängelgliedern. Darauf kleine Polster aus widerhakigen Borsten, die leicht brechen und Entzündungen hervorrufen können, und 0–2 kräftige, bis 2,5 cm lange Dornen. Gelbe oder orange, 6–10 cm breite Blüten. Die roten Früchte (Kaktusfeigen), ebenfalls mit Borstenpolstern, mit Vorsicht geschält aber wohlschmeckend.

Weitere Art Beim Dillenius-Feigenkaktus stehen auf den Borstenpolstern bis zu 5 abgeflachte, 2–5 cm lange Dornen. Er wächst an trockeneren und wärmeren Standorten (ebenfalls auf allen Inseln).

Dillenius-Feigenkaktus
Opuntia dillenii

Plocama **Balo**

Plocama pendula

Rötegewächse *Rubiaceae* 1–4 m III–VII

Selbst während der Trockenperiode erfreut Plocama durch ihr frisches Grün in der Landschaft (auf Fuerteventura sehr selten). Andererseits verbreiten zusammengedrückte Blätter einen unangenehmen Geruch. Von Ziegen gefressen überträgt er sich auf ihre Milch, auch Käse und Fleisch werden unbrauchbar. Geschätzt wurde dagegen das elastische Holz als Helfer in der Landwirtschaft, zu Herstellung von Küchenutensilien oder Musikinstrumenten.

Beschreibung Vom Grund an verzweigter, bisweilen hoher Strauch, Äste zuletzt oft bis zum Boden hängend. Blätter etwas fleischig, zylindrisch, lineal, bis 5 cm lang, unter 2 mm breit und kahl. Blüten achsel- und endständig, ihre weißliche, trichterförmige Krone 5–7-zipfelig. Die 4 mm großen, kugeligen, fleischigen, 1-3-samigen Beeren anfangs weißlich und durchscheinend, später schwarz und trocken. Sie werden gerne von Eidechsen, Kaninchen oder Vögeln gefressen, die so zur Verbreitung beitragen (Kanaren-Endemit).

Früchte von
Plocama pendula

Strauchiger Krapp **Tasaigo**

Rubia fruticosa

Rötegewächse *Rubiaceae* 1-2 m I-IV

Der Strauchige Krapp gehört zu den Endemiten, die vom Sukkulentenbusch bis in die Lorbeerwälder wachsen. Die dort vorkommende Unterart hat, wie alle Lorbeerwaldarten, wesentlich breitere Blätter, im übrigen ist sie aber als Krapp leicht zu erkennen (▼ G, T, C). Die frühere Anwendung in der Volksmedizin gegen Nierensteine oder Harnwegsinfektionen wird heute wegen problematischer Inhaltsstoffe abgelehnt.

Beschreibung Ältere Triebe am Grund verholzt, jüngere krautig und zerbrechlich, mit ihren rückwärts gerichteten Zähnen an den Blatträndern klimmend. Blätter ± schmal elliptisch, spitz, in Wirteln zu 2-6. Blüten 3-5 mm breit, grünlich oder blassgelb, mit 5 Zipfeln. Die weißfrüchtige Unterart (auf allen Inseln) hat durchscheinend weißliche, 4-6 mm große, kugelige Beeren (an feuchteren Standorten, auch auf Madeira). Die schwarzfrüchtige Unterart bevorzugt wärmere Gebiete im Süden (G, T, C). Eidechsen und Vögel sorgen durch Fressen der Beeren für die Verbreitung.

Schwarzfrüchtige Unterart von *Rubia fruticosa*

Glatte Baumschlinge

Cornical

Periploca laevigata 1–2 m IX–III

Hundsgiftgewächse *Apocynaceae (Asclepiadaceae)*

Der Milchsaft der Baumschlinge gilt traditionell als Gegengift nach Kontakt mit dem der stark hautreizenden Kanaren-Wolfsmilch und auch weiterer Wolfsmilch-Arten. Diese Anwendung kann heute nicht mehr empfohlen werden. Andererseits haben neuere Untersuchungen einen vielversprechenden zukünftigen Einsatz in der Medizin ergeben.

Beschreibung Milchsaft führender Strauch mit windenden, braunen Stängeln, die sich gerne ein Exemplar der Kanaren-Wolfsmilch als Stütze suchen. Blätter gegenständig, kurz gestielt, einfach und leuchtend grün, kahl und ledrig, verkehrt eilanzettlich. Blüten zu 2–5 rispig in den Blattachseln, 1–2 cm groß, mit 5 ausgebreiteten, innen purpurbraun überlaufenen bis rein gelblich grünen Abschnitten, 5 pfriemliche Anhängsel an einer Nebenkrone. Die Balgfrüchte bestehen aus zwei oft über 10 cm langen, am Grund verbundenen, weit spreizenden Hälften und enthalten Samen mit seidigen Haarschöpfen (Kanaren, Kapverden, westl. Mittelmeergebiet).

Samen und Früchte von *Periploca laevigata*

Rotbraune Leuchterblume **Cardoncillo gris**

Ceropegia fusca 0,3–1 m II–V

Hundsgiftgewächse *Apocynaceae (Asclepiadaceae)*

Die Leuchterblumen werden auch als Fensterblumen bezeichnet, da die 5 Zipfel der Kronblätter bei den meisten Arten an der Spitze verbunden bleiben und 5 Fenster bilden, durch die kleine Insekten zu den Bestäubungsorganen gelangen können. Die hier genannten Arten sind Kanaren-Endemiten.

Beschreibung Die zuletzt grauweißen, fleischigen, gegliederten Stämmchen mit unregelmäßiger Verzweigung sieht man schon von weitem. Die grünlich rotbraunen frischen Triebe tragen hinfällige Blätter. Blüten knäuelig zu 2–8(–20) an den Knoten, Krone 20–30 mm lang, außen rotbraun mit dunkleren Längsstreifen, im Schlund gelb. Wie zwei aufrechte Hörner die 10–15 cm langen Balgfrüchte, zahlreiche Samen mit seidigem Haarschopf.

Weitere Art Die Gabelige Leuchterblume bildet regelmäßige, aufrechte, grüne, später graugrüne Stämmchen. Blüten mit gelber, 30–40 mm langer Krone. Die Art umfasst mehrere nahe verwandte Sippen ((▼) H, P, G, T, C).

Gabelige Leuchterblum
Ceropegia dichotoma

F L ▼

Burchard-Fliegenblume **Cuernúa**

Caralluma burchardii ssp. *burchardii* (*Apteranthes burchardii*)

Hundsgiftgewächse *Apocynaceae* (*Asclepiadaceae*)

0,1–0,2 (–5 m) XII–IV

Mit ihren grünen bis grauen oder bräunlichen, 4-kantigen, gegliederten Trieben versteckt sich die Burchard-Fliegenblume gerne zwischen Felsen, sodass sie gut geschützt ist. Lokal nimmt sie durchaus größere Flächen ein. Wie viele Hundsgiftgewächse ist sie giftig und wird auch vom Vieh gemieden.

Beschreibung Ausdauernde Pflanze mit aufrechten, fleischigen, bis 2,5 cm breiten Stämmchen, nur an den Kanten junger Triebe nach unten gerichtete Höcker mit winzigen, löffelartigen, bald abfallenden Blättchen. Etwa 15 mm breite Blüten mit kurzer gelber Nebenkrone und 5 dreieckigen, purpurbraunen, weiß behaarten Zipfeln. Der Aasgeruch lockt zur Bestäubung Fliegen an. Zwei gegenüberstehende, bis 10 cm lange, violett gesprenkelte, glatte, hornförmige Balgfrüchte und Samen mit Haarbüscheln sind das Ergebnis (oft auf jüngerer Lava im Sukkulentenbusch, die ssp. *burchardii* als Kanaren-Endemit, in SW-Marokko die ssp. *maura*).

Früchte von der Burchard-Fliegenblume

Decaisne-Natternkopf Taginaste blanco

Echium decaisnei

Raublattgewächse *Boraginaceae* 0,5–2,5 m II–VI

Unter den zahlreichen Natternkopf-Arten der Kanarischen Inseln haben die meisten radiäre, schwach zygomorphe (nur durch eine Symmetrieebene in zwei Hälften zerlegbare) Blüten, einige sind seitlich stark zusammengedrückt, sodass kaum ein Blick ins Innere möglich ist.

Beschreibung Reich verzweigter Strauch, bei der Unterart von Gran Canaria lanzettliche Blätter mit Borsten, die am Grund scheibenförmig verbreitert sind. Blütenstand locker kegelförmig, die trichterförmigen weißen, blassblau gestreiften Kronen 10–14 mm lang, die Kronlappen etwa 3 mm. Bei der Unterart von Fuerteventura und Lanzarote Blätter etwas breiter, mit borstenlosen scheibenförmigen Höckern (Kanaren-Endemit).
Weitere Art Der Stachelige Natternkopf wird oft nur 1 m hoch. Die spitzen, linealen, 3–5 mm breiten Blätter randlich und auf dem Mittelnerv stachelig borstig. Blütenstand dicht, kopfig, die weißen Blüten fast sitzend, seitlich zusammengedrückt, mit ungleichen Lappen (H, P, G, T, endemisch).

Stacheliger Natternko
Echium aculeatum

H P G T C F L

Blütenreiche Winde **Guaidil**

Convolvulus floridus

Windengewächse *Convolvulaceae* 2–4 m II–VI

Die Blütenreiche Winde ist eine sehr attraktive Art. Nicht selten findet man sie zwischen den Trieben der Kanaren-Wolfsmilch, wo sie vor Ziegenfraß geschützt wachsen kann. Auf den Kanarischen Inseln wird sie oft als Zierpflanze an Straßenrändern und in Gärten kultiviert. Die Nutzung des Tees aus den Blättern zur Reinigung von Wunden dürfte der Vergangenheit angehören.

Beschreibung Hoher Strauch oder kleiner Baum mit aufrechten bis überhängenden Ästen und fein anliegend behaarten, sitzenden, länglichen, am Grund verschmälerten Blättern (variabel in Länge und Breite). Die endständigen, reich verzweigten Blütenstände tragen 6–50 weiße oder blassrosa, 11–15 mm lange Trichterblüten (Kanaren-Endemit).
Weitere Art Die 1–2 m hohe Besen-Winde ist mit ihren aufrechten Ästen als Rutenstrauch leicht kenntlich, die fädlichen Blätter fallen bald ab. Blüten zu (1–)3–7 in den Blattachseln, 10–12 mm lang (▼ H, P, G, T, C, endemisch).

Besen-Winde
Convolvulus scoparius

Kanaren-Krummblüte Romero marino

Campylanthus salsoloides

Rachenblütler *Scrophulariaceae (Plantaginaceae)* 1–2 m I–VII

Die Krummblüte kommt mit je einer Art auf den Kanaren und Kapverden, mit mehreren Arten auch in NO-Afrika und Asien vor. Diese disjunkte Verbreitung findet sich bei einigen Kanarenpflanzen und zeigt eine der interessanten Florenbeziehungen auf.

Beschreibung Aufrecht verzweigter Strauch mit oft überhängenden Ästen. Blätter immergrün, rosmarinähnlich und etwas fleischig. Blütenstände locker traubig an den Zweigenden, Krone blau- oder rosaviolett mit weißem und gelbem Grund, etwa 13 mm lang. Die 5 ausgebreiteten Zipfel gehen in eine enge, fast rechtwinklig gekrümmte, außen behaarte Röhre über (küstennaher Sukkulentenbusch, oft auf junger Lava, Kanaren-Endemit).
Weitere Art Die Kanaren-Sutera, ein zerbrechliches, am Grund verholztes Pflänzchen, hat etwas fleischige, fast rundliche, gekerbte, drüsig weichhaarige Blätter. Blütenkrone blassrosa, violett geadert, mit 5-lappigem Saum (▼ schattige, auch überhängende Felsen, IV–X, Gran Canaria-Endemit).

Kanaren-Sutera
Sutera canariensis
(Camptoloma canariensis)

H P G T C F L

Kanaren-Lavendel Matorrisco común

Lavandula canariensis

Lippenblütler *Lamiaceae* 0,2–1,5 m II–VI

Auf den Kanarischen Inseln kommen 7 Lavendel-Arten vor, 4 davon sind Endemiten, aber nur eine wächst auf allen Inseln. 3 mediterrane Arten sind nur vereinzelt eingebürgert. Als Heilpflanze verwendet wird auch auf den Kanaren überwiegend der im westlichen Mittelmeergebiet heimische, stärker aromatische Echte Lavendel, den man u. a. als leichtes Beruhigungsmittel nutzt.

Beschreibung Formenreicher, oft wenig aromatischer Strauch mit meist 2fach fiederschnittigen, unterschiedlich behaarten, aber grünen Blättern. Lang gestielte, verzweigte schlanke Blütenstände, Krone bis 12 mm lang, der 2-lippige Kelch 15-nervig, ohne Anhängsel. Für jede Insel wurde eine eigene Unterart beschrieben (Kanaren-Endemit).
Weitere Art Der niedrigere Minutol-Lavendel hat größtenteils einfach gelappte, graugrüne Blätter mit regelmäßig kammförmig genäherten, am Rand etwas umgerollten Abschnitten, der endständige oft breiter und 3-lappig (T, C, Kanaren-Endemit).

Minutol-Lavendel
Lavandula minutolii

Veränderliche Bergminze

Micromeria varia

Tomillo salvaje

Lippenblütler *Lamiaceae* 0,1–0,3 m I–VI

Einige Bergminze-Arten sind stark aromatisch und werden als „Tomillo“ wie Thymian, jedoch mit abweichendem Duft, als Gewürzkraut in der kanarischen Küche verwendet. In der Volksheilkunde sollen z. B. die zerdrückten Blätter hilfreich bei Bienen- und Wespenstichen sein, der Tee als Gurgelmittel bei Halsschmerzen und Husten.

Beschreibung Zwergstrauch, Blätter frischgrün, lineal-lanzettlich, am Rand umgerollt, oberseits verkahlend, unterseits behaart. Krone meist rosa, 3–6 mm lang, der behaarte, 2-lippige Kelch und die Blätter oft purpurn überlaufen. Früher in mehrere Unterarten gegliedert, die heute als eigene Arten bewertet werden (Sukkulentenbusch, bis in die Waldgebiete, Teneriffa-Endemit).

Weitere Art Die La Palma-Bergminze ist formenreich: Blätter drüsig, kahl und glänzend oder dicht behaart, am Rand umgerollt oder flach. Krone weißlich bis purpurn, der behaarte Kelch oft fast radiär, seine 5 Zähne an der Spitze purpurn (auch in hohen Lagen, La Palma-Endemit, bis 0,7 m).

La Palma-Bergminze
Micromeria herpyllomorph

H P G T C F L

Kanaren-Salbei

Salvia canaria

Salvia canariensis

Lippenblütler *Lamiaceae* 1–2 m II–VIII

Der Kanaren-Salbei duftet aromatisch und wurde in der Volksheilkunde gerne verwendet, zum Beispiel kaute man die Blätter, um Mund- und Rachenschleimhaut zu desinfizieren und trank auch den Tee. Der in der Medizin bekannte Echte Salbei kommt aus Kultur verwildert vor.

Beschreibung Strauch mit länglich-lanzettlichen, am Grund pfeil- bis spießförmigen Blättern, variabel in der Behaarung, komplett weißfilzig oder nur unterseits, auch beiderseits grün, ganzrandig bis fein gekerbt. Etwa 20 mm lange, rosa bis dunkelviolette, seltener weiße Blüten mit schwach sichelförmiger, seitlich zusammengedrückter Oberlippe in stumpfzipfeligen Kelchen, die jeweils von einem häutigen, violetten bis grünen Tragblatt überragt werden (bis in die Kiefernwälder, Kanaren-Endemit).

Weitere Art Der Broussonet-Salbei hat große, breit herzförmige Blätter, oberseits grün, unterseits weißfilzig, drüsig-klebrig wie auch die Kelche. Krone weiß, etwa 15 mm lang (▼ Felsen der unteren Stufe, Teneriffa-Endemit).

Broussonet-Salbei
Salvia broussonetii

H P G T

Strauchiger Kantensame

Gonospermum fruticosum

Corona de la reina

Korbblütler *Asteraceae* 0,3–1,5 m IV–VII

Die zungenblütenlosen, gelbblütigen Kantensamen-Arten der Kanaren sehen dem europäischen Rainfarn (*Tanacetum vulgare*) ähnlich und waren wie dieser als Wurmmittel bekannt. Sie gehören zu der endemischen Gattung *Gonospermum* mit 7 Arten auf den Kanaren.

Beschreibung Strauchige Pflanze mit wechselständigen, häufig rotbraun überlaufenen und unterseits locker behaarten, 2–3fach fiederschnittigen Blättern. Deren Endabschnitte länglich-eiförmig, ± abgerundet. Blütenköpfchen zahlreich in flacher Trugdolde, 4,5–5,5 mm breit, aus 55–70 Röhrenblüten, ohne Zungenblüten, aber mit Spreublättern (vom Sukkulentenbusch bis in den Lorbeerwaldbereich, häufigste *Gonospermum*-Art).
Weitere Art Der Kanaren-Kantensame wird 1,5–2,5 m hoch. Blätter einfach fiederschnittig. Kennzeichnend sind auch die in der Jugend silbrig behaarten Blätter. Blütenköpfchen nur 2–3 mm breit, aus 10–25 Röhrenblüten (▼ H, P, sonnige Standorte in Waldgebieten).

Kanaren-Kantensame
Gonospermum canariensis

G T C

Gabelästiger Allagopappus

Allagopappus canariensis (A. dichotomus)

Madama de risco

Korbblütler *Asteraceae* 0,3–1,2 m III–VII

Die Deutung des Gattungsnamens ist schwierig: Wenn er vom griechischen „allos" abgeleitet ist, was „anders" bedeutet, so könnte er sich auf das Krönchen und die 5 sehr langen Pappusborsten der kleinen Früchte beziehen, die für diese Gattung kennzeichnend sind.

Beschreibung Niedriger, gabelig verzweigter Strauch. Die zahlreichen Blätter immergrün, länglich-lanzettlich, 5–7 mm breit, am Rand schwach bis deutlich gezähnt, kaum drüsig-klebrig. Blüten in 15–25 endständigen, flach doldig angeordneten, 5 mm breiten, gestielten Blütenköpfchen. Diese aus zahlreichen gelben Röhrenblüten und vielreihigen, linealen Hüllblättern mit braunen Spitzen (an felsigen Standorten, Kanaren-Endemit).
Weitere Art Der Drüsige Allagopappus ist kleiner, sonst recht ähnlich, aber viel stärker drüsig-klebrig und hat nur bis 4 mm breite, ganzrandige Blätter mit kleiner aufgesetzter Spitze. Blüten heller gelb (▼ felsige Hänge, höher ansteigend, Gran Canaria-Endemit).

)rüsiger Allagopappus
'llagopappus viscosissimus

T C

Kanaren-Gänsedistel   Cerrajón arbórea

Sonchus canariensis

Korbblütler *Asteraceae*   1,5–3 m   II–V

Die Gänsedisteln *Sonchus* sind auf den Kanaren mit insgesamt 30 Arten vertreten, die meisten davon sind endemisch. Die Arten der unteren, trockenen Stufen haben oft sehr schmale Blätter, während die der feuchteren Wälder durch breitere Blätter gekennzeichnet sind. Einige werden auch zu *Atalanthus* oder *Babcockia* gestellt.

Beschreibung Oft baumhoher, Milchsaft führender, prächtiger Strauch. Blätter rosettig an den Astenden angeordnet, fiederspaltig, mit spitzen, 2–12 mm breiten, ganzrandigen oder schwach gezähnelten Abschnitten. Geöffnete Blütenköpfchen bis 3 cm breit, aus 90–165 gelben Zungenblüten (Sukkulentenbusch bis in die Kiefernwälder, Kanaren-Endemit).
Weitere Art Die Dünnköpfige Gänsedistel bildet schlanke, bis 1,5 m hohe Sträucher. Blätter rosettig angeordnet, mit nur 0,5–1 mm breiten Abschnitten. Blütenköpfchen mit 13–19 Zungenblüten, bis 12 mm breit (Felsstandorte, Barrancos, G, T, C, F, Kanaren-Endemit, I–XII).

Dünnköpfige Gänsedist
Sonchus leptocephalus
(Atalanthus pinnatus)

H P G T C F L

Oleanderblättrige Kleinie — Verode

Kleinia neriifolia (Senecio kleinia)

Korbblütler *Asteraceae* 0,5–3 m (IV–)VIII–XI

Die Kleinie bildet Sträucher, ältere Pflanzen bisweilen auch Bäumchen mit deutlichem Stamm. Sie erwachen meist erst am Ende der Trockenperiode im Spätsommer zum Leben und bilden an den Triebenden die Blüten und gleichzeitig oder danach einen Schopf aus Blättern. Die Kleinie hatte in der Volksheilkunde gewisse Bedeutung zur Linderung von Ohrschmerz und auch als wundheilendes Mittel.

Beschreibung Sprosse zylindrisch und fleischig, gegliedert, bedeckt von den Narben während der Trockenzeit abgefallener Blätter. Diese grün oder graugrün, etwas fleischig, unterseits mit hervortretendem Mittelnerv, in der Breite sehr variabel, 2–4 mm schmal oder auch oleanderähnlich bis 1,5 cm breit. Blüten in endständigen Trugdolden aus schlanken Köpfchen mit 7–9 weißlichen Röhrenblüten und herausragenden gelben Griffeln und Staubblättern. Nur 1 Reihe Hüllblätter, am Grund mit kleiner Außenhülle (Kanaren-Endemit, in SW-Spanien verwildert).

Breitblättrige Form von *Kleinia neriifolia*

Wegränder, Brachland

Die Wegränder und Brachfluren der unteren Stufen tragen eine eigene Flora. Hier wachsen nur wenige Endemiten, wie der Kanaren-Beifuß, dagegen aber verschiedene Arten, die der Mensch seit dem Beginn der Besiedlung eingeschleppt hat und die sich nun teilweise aggressiv vermehren. Man könnte sie ohne spezielle botanische Kenntnisse für heimisch halten, einige davon wurden deshalb auch in dieses Buch aufgenommen. Viele dieser Pflanzen stammen aus dem Mittelmeergebiet und anderen warmen Gegenden der Welt. Auffällig ist zum Beispiel der Blaugrüne Tabak, der kleine Bäumchen bildet und fast das ganze Jahr über blüht (Heimat Südamerika). In den Waldstufen wachsen an den Wegrändern vorwiegend Arten des Unterwuchses der Wälder, die bei der stärkeren Lichteinstrahlung hier besonders kräftig blühen und für den Wanderer ein erfreuliches Bild ergeben.
Brachfluren sind in den unteren Stufen häufig anzutreffen, da immer wieder Kulturen aufgegeben werden. Allerdings erobert der Sukkulentenbusch auch aufgelassene Flächen schnell zurück, sodass insbesondere die Lamarck-Wolfsmilch heute große sekundäre Bestände bildet. In anderen Gebieten gibt es für einige Jahre auch Areale mit Mittagsblumen oder Kanaren-Eiskraut. Manche vom Menschen eingeschleppte Arten wie die Opuntien sind so gut an die Klimaverhältnisse angepasst, dass sie heute weit verbreitet und nicht mehr zu entfernen sind. Um andere bemüht man sich, sie noch gebietsweise auszulöschen, wie das Federborstengras (*Pennisetum setaceum*). Zum Teil ist dieser Kampf schon vollständig verloren.

Wegrand bei Los Carrizales, Teneriffa

Kalifornischer Schlafmohn — Amapola de California

Eschscholzia californica

Mohngewächse *Papaveraceae* 0,2–0,6 m IV–X

Der Gartenfreund wird sich wundern, den Kalifornischen Schlafmohn auf den Kanaren großflächig verwildert anzutreffen. Die Art ist auch als Heil- und Giftpflanze bekannt. Ihr werden leichte krampflösende, schmerzstillende und schlaffördernde Wirkungen zugeschrieben. Die Inhaltsstoffe sind mit denen des Schlafmohns nicht vergleichbar.

Beschreibung Kahle 1- bis mehrjährige Pflanze mit wässrigem Saft und blaugrünen, fein zerteilten Blättern. Die 2 verwachsenen Kelchblätter heben sich zu Beginn der Blütenentfaltung mützchenförmig ab und geben 4 gelbe bis orange, 2–3 cm lange, bisweilen tief eingeschnittene Kronblätter frei. Die aufrechte, schmale Kapsel öffnet sich mit 2 Klappen von unten (Kanaren, weiter verschleppt, Heimat Kalifornien).

Weitere Art Der seltenere, einjährige Mexikanische Stachelmohn führt gelben Milchsaft und hat dornig-buchtig gezähnte Blätter. Blüten mit 6 meist gelben Kronblättern. Kapseln stachelig (P, T, C, Heimat Mittelamerika).

Mexikanischer Stachelmohn
Argemone mexicana

H P G T C F L

Schmalblättrige Forsskaolea

Forsskaolea angustifolia **Ratonera picona**

Brennnesselgewächse *Urticaceae* 0,3–2 m I–VI

In der unteren Stufe ersetzt die Schmalblättrige Forsskaolea die in Mitteleuropa bekannten Brennnesseln. Die Gattung ist ein afrikanisches Element in der Kanarenflora. Die Volksheilkunde wendet den Tee u. a. bei Entzündungen der Harnwege an, seine schweißtreibenden, fiebersenkenden Eigenschaften bei Infekten.

Beschreibung Krautige oder am Grund verholzte Pflanze mit rötlich braunen Stängeln ohne Brennhaare. Blätter lanzettlich, buchtig dornig gezähnt und mit feinen Borsten, oberseits dunkelgrün, unterseits weißlich. Winzige einhäusige Blütenstände in den Blattachseln, die männlichen mit nur einem Staubblatt (Kanaren-Endemit).

Weitere Art Das Fadenartige Glaskraut, ebenfalls ein Brennnesselgewächs ohne Brennhaare, hat dünne niederliegende, oft auch hängende, verholzte Ästchen. Blätter klein, nahezu gegenständig, zugespitzt eiförmig, in ihren Achseln kleine knäuelige Blütenstände (▼ oft unter überhängenden Felsen, P, G, T, Kanaren-Endemit, bis 0,3 m).

Fadenartiges Glaskra
Parietaria filamentosa

H P G T C L

Warzige Zaunrübe **Venenillo**

Bryonia verrucosa

Kürbisgewächse *Cucurbitaceae* 0,3–2 m X–III

Zu den Kürbisgewächsen gehören beliebte Nutzpflanzen, wie Kürbis-Arten, Gurken, Zucchini oder Melonen. Die Zaunrüben, wie die endemische Warzige Zaunrübe der Kanaren und die Koloquinte, deren Früchte zwar kleiner sind als die der Kulturpflanzen, aber ähnlich aussehen können, enthalten dagegen stark giftige Bitterstoffe (Cucurbitacine).

Beschreibung Niederliegende oder mit einfachen achselständigen Ranken kletternde Zaunrübe. Blätter rau behaart, tief herzförmig, buchtig 5-eckig bis 5-lappig, schwach gezähnt. Blütenkrone grünlich gelb, 5-zipfelig, bis 2 cm breit. Kugelige, bis 3 cm große, grüne Früchte mit hellen Streifen, später gelborange (auch Mauern, Gebüsche, Kanaren-Endemit).

Weitere Art In trockenem Brachland wird man von den am Boden liegenden, ebenfalls stark bitteren und giftigen, 4–12 cm großen, kugeligen, marmorierten, später gelben Früchte der Koloquinte überrascht. Blätter graugrün, 2fach buchtig gelappt (P, T, C, F, L, Kapverden, südl. Mittelmeergebiet, IV–VIII).

Koloquinte
Citrullus colocynthis

Kristall-Mittagsblume **Barilla**

Mesembryanthemum crystallinum

Eiskrautgewächse *Aizoaceae* 0,2–0,8 m II–VII

Die Mittagsblumen wurden im 19. Jh. auf großen Flächen zur Sodagewinnung u. a. für die Herstellung von Seife angebaut. In Notzeiten aß man die gerösteten, gemahlenen Samen wie Gofio. Heute nutzt man die Art noch gelegentlich als Salatbeigabe. Der Presssaft wird neuerdings in einer Pflegelotion bei trockener Haut verwendet.

Beschreibung Ausgebreitet niederliegende, 1–2-jährige, fleischige Pflanze, dicht mit großen, wassergefüllten, glitzernden Papillen besetzt. Blätter spatelig, flach, ± purpurn überlaufen. Blüten erst mittags geöffnet, 2–3 cm breit, mit zahlreichen schmalen, weißlichen, kronblattartigen, sterilen Staubblättern. 5-klappige Kapseln mit vielen Samen (küstennahe Standorte, auch Madeira, Azoren, Mittelmeergebiet und weiter eingebürgert, Heimat S-Afrika).

Weitere Art Die 1-jährige Knotenblütige Mittagsblume ist oft rotviolett überlaufen. Blätter fleischig, walzlich, mit kleinen Papillen besetzt. Blüten bis 1,5 cm breit (alle Inseln, Makaronesien, Mittelmeergebiet, Heimat S-Afrika).

Knotenblütige Mittagsblume
Mesembryanthemum nodiflorum

Kanaren-Eiskraut **Patilla**

Aizoon canariense

Eiskrautgewächse *Aizoaceae* 0,05–0,4 m lang I–V

Dem Kanaren-Eiskraut begegnet man meist in Küstennähe auf sandig-steinigem Untergrund, im wahrsten Sinne des Wortes „auf Schritt und Tritt". Die Art ist daran angepasst, dass sie gelegentlich betreten wird. Die Blätter wurden in Hungerzeiten als Nahrungsmittel genutzt.

Beschreibung 1-bis 2-jähriges, ausgebreitet niederliegendes, behaartes Kraut mit kräftigem Stängel. Blätter wechselständig, etwas fleischig, in einen Stiel verschmälert, breit spatelig, zugespitzt. In ihren Achseln sitzend Blüten mit einfacher, 3–5 mm langer, am Grund verbundener, spitz 5-zipfeliger Blütenhülle, diese innen gelb, kahl, außen grün und behaart. Rotbraune, flach 5-kantige, 5–8 mm breite Kapseln überdauern den Sommer (Kanaren, Madeira, Kapverden, südl. Mittelmeergebiet, bis Pakistan und weiter).

Weitere Art Das papillöse, unbehaarte Spanische Eiskraut wächst aufsteigend, mit gegenständigen, länglich-lanzettlichen Blättern. Blütenhülle 5-zipfelig, innen weiß, 15 mm lang (G, F, L, südl. Mittelmeergebiet, SW-Asien).

Spanisches Eiskraut
Aizoon hispanicum

Blaugrüner Tabak — Tabaco moro

Nicotiana glauca

Nachtschattengewächse *Solanaceae* 2–6 m I–XII

An Wegrändern und auf Brachflächen trifft man häufig den baumförmigen Blaugrünen Tabak, der weltweit in warmen Gebieten verwildert ist und durch seine Größe und spärliche Verzweigung auffällt. An den verwandten, häufig angebauten Virginischen Tabak (*Nicotiana tabacum*) erinnert er nur wenig und kann auch nicht geraucht werden, da er mehrere stärker giftige Alkaloide enthält.

Beschreibung Kleiner biegsamer Baum, die lang gestielten, kahlen, blaugrünen Blätter eilanzettlich und ganzrandig. Blüten in lockeren Rispen an den Zweigenden, die grünlich gelbe, außen fein behaarte Krone röhrig, 2,5–4,5 cm lang, mit kurzem 5-zipfeligem Saum. Aufrechte Fruchtkapseln mit zahlreichen Samen (Heimat Südamerika).

Weitere Art Der Rispige Tabak kommt nur auf Teneriffa verwildert vor, so bei Puerto de la Cruz. Blätter zugespitzt eiförmig, dunkelgrün und behaart, Blütenröhre gelblich grün, sehr schmal (Heimat Peru, 1-jährig, 0,5–2 m, V–IX). 4 weitere Tabak-Arten kommen verwildert vor.

Rispiger Tabak
Nicotiana paniculata

H P G T C

Kanaren-Beifuß — Incienso canario

Artemisia thuscula

Korbblütler *Asteraceae* 0,4–1 m V–VIII

Den durchdringenden Geruch des endemischen Kanaren-Beifuß nimmt man schon wahr, bevor man die auffälligen Pflanzen sieht, die oft in größeren Beständen wachsen. Die Art wurde traditionell u. a. bei Verdauungsbeschwerden, als harntreibendes und auch als wurmwidriges Mittel verwendet. Andererseits sind ihre Pollen die häufigsten Auslöser von Atemwegsallergien auf den Kanaren.

Beschreibung Aromatisch duftender, graugrün behaarter, stark verzweigter Strauch mit ± aufrechten Ästen. Blätter 1–2fach fiederschnittig mit flachen, eiförmig-länglichen, stumpfen, 1,5–3 mm breiten Abschnitten. An den Triebenden Rispen mit zahlreichen, kugeligen, etwa 4 mm breiten, gelblich bräunlichen Blütenköpfchen. Köpfchenboden behaart, Früchtchen ohne Pappus.

Weitere Art Der ebenfalls aromatische Verzweigte Beifuß ist seltener. Blätter graugrün, mit pfriemlichen Zipfeln, Blütenköpfchen länglich, nur 1 mm breit, Köpfchenboden kahl (▼ T, C, nur im Süden, Marokko, 0,2–0,8 m, III–IV).

Verzweigter Beifuß
Artemisia ramosa

H P G T C F

Drüsiger Wasserdost — Matoespuma

Ageratina adenophora

Korbblütler *Asteraceae* 0,3–1,5(–2) m II–V

Der Drüsige Wasserdost zeigt in warmen Gebieten weltweit aggressives Verhalten. Auf den Kanaren erst Mitte des 19. Jahrhunderts eingeschleppt, breitet er sich seitdem lokal von feuchten, gestörten Flächen vor allem in Lorbeerwäldern aus und verdrängt dort heimische Arten.

Beschreibung Aromatische, am Grund verholzte, drüsig behaarte Pflanze mit rotbraunen Stängeln. Blätter gegenständig, rhombisch-eiförmig, grob gekerbt-gesägt, das unterste Blattnervenpaar am Spreitengrund ansetzend. In Doldentrauben 5–8 mm breite Köpfchen aus weißen Röhrenblüten mit weit herausragenden Griffeln und drüsigen Hüllblättern. Schwarze, kahle Früchtchen mit weißen Pappusborsten (Makaronesien, Heimat Mexiko).
Weitere Art Der Ufer-Wasserdost hat nur einfache Haare. Blätter lanzettlich, unregelmäßig gesägt, das unterste Nervenpaar oberhalb des Spreitengrundes ansetzend. Köpfchen 4–5 mm breit, Früchtchen fein behaart, Pappusborsten rosa (P, G, T, Madeira, Heimat Mexiko, 0,3–0,8 m).

Ufer-Wasserdost
Ageratina riparia

H P G T C F L

Klauen-Distel   Cardo de monteverde

Carduus clavulatus

Korbblütler *Asteraceae*   0,3–0,5(–1) m   IV–VI

Auch wenn an vom Menschen beeinflussten Standorten oft die eingeschleppten Arten vorherrschen, so haben sich doch auch hier einzelne Endemiten herausbilden können, wie die Klauen-Distel. 3 weitere endemische Disteln kommen seltener vor, häufig findet man dagegen 2 mediterrane an Wegrändern.

Beschreibung Einjährige Art mit dornig geflügeltem Stängel. Blätter eiförmig-lanzettlich, ± ungeteilt bis buchtig fiederschnittig, am Rand fein dornig, oberseits dunkelgrün, unterseits schwach spinnwebig, grau. Kugelige, 2 cm breite Köpfchen, einzeln oder mehrere, sitzend, mit purpurnen Röhrenblüten. Hüllblätter in einem Dorn endend (Kanaren-Endemit).
Weitere Art Die 1–2-jährige Zartblütige Distel hat ebenfalls dornig geflügelte Stängel. Blätter fiederteilig, unterseits dicht spinnwebig, mit bis 5 mm langem Enddorn. Köpfchen zu 3–10 sitzend, mit zylindrischer, bis 1 cm breiter Hülle und purpurnen Röhrenblüten (Kanaren, alle Inseln, westl. Mittelmeergebiet).

Zartblütige Distel
Carduus tenuiflorus

Wärmeliebende Buschwälder

Diese zwischen dem Sukkulentenbusch und den Wäldern gelegene Vegetationsstufe „Bosque termófilo“ wurde erst relativ spät erkannt. Dies liegt unter anderem daran, dass sich hier seit alters das Hauptsiedlungsgebiet der Einwohner befindet, sodass von der natürlichen Vegetation in diesem Bereich nur noch kleinflächige Reste erhalten sind. Zu den „Wärmeliebenden Buschwäldern“ gehören unter anderem die Bestände der Atlantischen Pistazie „Almacigales“, des Kanaren-Ölbaumes „Acebuchales“ und der Echten Retama „Retamares“, schließlich auch die des Kanaren-Wacholders „Sabinares“ und die der Kanarischen Dattelpalme „Palmerales“.
So findet man die charakteristischen Arten des Wärmeliebenden Buschwaldes immer wieder einzeln, größere Bestände dieser meist niedrigen Bäume und hohen Sträucher sind selten. Während der Kanaren-Wacholder flächendeckend meist in trockener, südlicher Hangneigung vorkommt, benötigen die übrigen Arten eine bessere Wasserversorgung. Kleine Wäldchen der Kanarischen Dattelpalme gibt es zum Beispiel auf Gran Canaria im Barranco de Fataga oder auf Teneriffa im Barranco de San Andrés, auf Fuerteventura im Barranco de las Peñitas. Die Atlantische Pistazie existiert großflächiger u. a. auf Teneriffa an den Steilhängen oberhalb von Garachico und auf Gran Canaria in der Montaña Horzagales. Auch der Kanaren-Drachenbaum hatte in den Wärmeliebenden Buschwäldern seine natürlichen Vorkommen, heute sieht man nur noch isolierte Exemplare an Felsen. Inzwischen wird er verbreitet als Zierpflanze kultiviert.

„Palmeral“ bei Fataga, Gran Canaria

H P G T C

Kanaren-Wacholder — Sabina canaria

Juniperus turbinata ssp. *canariensis*

Zypressengewächse *Cupressaceae* 2-5(-8) m II-IV

Der Kanaren-Wacholder bildet auf einigen Inseln (früher ausgedehntere) Bestände, die „Sabinares" genannt werden. Auf El Hierro gibt es typische Windformen, hier hat ein bestimmter vom Passatwind geformter Baum (Foto) es zu einem Wahrzeichen der Insel geschafft.

Beschreibung Einhäusiger Strauch oder Baum, die aromatischen Blätter schuppenförmig, zugespitzt dreieckig, 1-2 mm lang, den Zweigen dicht dachziegelartig angedrückt, deutlich hautrandig. Blätter der Jungpflanzen nadelförmig abstehend, 5-14 mm lang. Blüten unscheinbar, endständig an jungen Zweigen, die 9-14 mm großen, kugeligen Beerenzapfen zuletzt dunkel braunrot und kaum bereift. Das Holz war als Bau- und Brennholz sowie für landwirtschaftliche Geräte sehr geschätzt, sodass die Vorkommen stark verringert wurden. Als Heilpflanze existierte ein weiter Anwendungsbereich, inzwischen wurden allerdings auch einige giftige Inhaltsstoffe bekannt (Kanaren, Madeira, endemisch, die ssp. *turbinata* im westl. Mittelmeergebiet).

Bestand des **„Sabinar"** auf La Gomera

H P G T C

Kanarischer Drachenbaum **Drago**

Dracaena draco ssp. *draco*

Spargelgewächse *Asparagaceae* Bis 20 m VII–IX

Der „1000-jährige" Drachenbaum von Icod de los Vinos auf Teneriffa ist eine Symbolpflanze der Kanaren. Auf Grund der Anzahl der Verzweigungen und der Auswertung der Blühfolgen schätzt man sein Alter heute auf mehr als 400 Jahre. Inzwischen wurde eine Unterart aus Marokko beschrieben und eine zweite Art von Gran Canaria.

Beschreibung Junge Bäume mit dickem grauem Stamm (auf La Palma unten verzweigte Exemplare mit aufstrebenden Ästen) und einem Schopf aus 2–3 cm breiten, spitz zulaufenden, 50–60 cm langen Blättern. Nach etwa 10 Jahren bildet sich endständig die erste Blütenrispe, mit weißlichen, 6-zähligen Blüten. Darunter folgt die erste Verzweigung mit wirtelig angeordneten Ästen. Früchte etwa 1 cm, braunorange, essbar, mit großem Samen. Bei Verletzung scheidet der Stamm ein sich an der Luft rot färbendes Harz aus („Drachenblut"). Dieses war ein wichtiges Handelsgut, als Heilmittel und zum Färben (selten an Felsen, häufig gepflanzt. Makaronesien, endemisch).

La Palma-Form des **Kanarischen Drachenbaumes**

Kanarische Dattelpalme

Palmera canaria

Phoenix canariensis

Palmen *Arecaceae* 8–18 m II–VI

Die Früchte der Kanarischen Dattelpalme sind im Gegensatz zu denen der Echten Dattelpalme ungenießbar. Beliebt ist aber der Saft „Guarapo", der durch ein den Baum schonendes Anschneiden des Gipfels besonders auf La Gomera gewonnen wird. Der daraus hergestellte Palmsirup „Miel de Palma" wird als Süßungsmittel und auch als traditionelles Heilmittel vor allem bei Erkältungen genutzt.

Beschreibung Baum mit kräftigem, immer einzeln stehendem Stamm. Die 5–6 m langen, grünen Wedel etwas schief stehend, mittlere Fiedern 40–50 cm lang, am Grund in Dornen übergehend. Blüten 2-häusig, in reich verzweigten Blütenständen, die zunächst von einem Hüllblatt umschlossen sind. Früchte kaum fleischig, 1,5–2,5 cm lang. Häufig als Zierbaum gepflanzt, natürliche Vorkommen „Palmerales" noch in einigen Barrancos (Kanaren-Endemit). Gelegentlich auch Hybriden mit der Echten Dattelpalme, diese mit höherem schlankem Stamm und aufsteigend bogenförmigen Wedeln.

Kanarische Dattelpalme mit Früchten

▼ H P G T C F

Echte Retama **Retama blanca canaria**

Retama rhodorhizoides

Schmetterlingsblütler *Fabaceae* 1–3,5 m I–IV

Auffällig ist diese Art im Frühjahr, wenn in der Umgebung von Masca auf Teneriffa am Oberrand des Sukkulentenbusches ganze Hänge weiß blühen. Auf den anderen Inseln kommt die Art meist nur in kleineren Beständen vor. Wegen gewisser Giftigkeit durch Alkaloide wird von arzneilicher Anwendung abgeraten.

Beschreibung Rutenstrauch mit dünnen, graugrünen, gerillten und fein behaarten Ästen. Blätter lineal, hinfällig. Stark duftende, 10–15 mm lange, weiße Blüten mit purpurnem, glockigem, 2-lippigem Kelch, Oberlippe mit 2 breiten Zähnen, Unterlippe 3-spitzig. Zuletzt hellbraune, zugespitzte, aufgeblasene Hülsen, meist 1-samig (Kanaren-Endemit).

Weitere Art Der Fädliche Teideginster ist ein lockerer hoher Strauch mit rutenförmigen, kantigen Ästen. Blätter gestielt, mit 3 verkehrtlanzettlichen, kahlen Blättchen. Weiße, duftende Blüten, Kelch tief 2-lippig mit schiefem Saum und 5 kurzen Zähnen. Hülsen flach, zur Reife schwarz, mehrsamig (▼ H, P, G, T, Kanaren-Endemit).

Fädlicher Teideginster
Cytisus filipes
(Spartocytisus filipes)

H P G T C ▼

Weißer Backenklee — Trébol de risco blanco

Dorycnium eriophthalmum (Lotus eriophthalmus)

Schmetterlingsblütler *Fabaceae* Bis 2 m III–VI

Der deutsche Name Backenklee wird von den beiden backenförmig nach außen gewölbten Flügeln der Schmetterlingsblüte abgeleitet. Die 3 strauchigen, auf den Kanaren heimischen Arten sind selten und werden in den Roten Listen gefährdeter Arten aufgeführt.

Beschreibung Reich verzweigter Strauch mit blaugrünen 5-zähligen Blättern. Fiedern verkehrteiförmig bis elliptisch, ganzrandig, die beiden unteren nebenblattartig am Stängelgrund sitzend und verbunden. Blüten achselständig, köpfchenartig zu 8–12, weißlich, die Fahne mit violetten Nerven. Kelch kahl, mit etwa gleich langen, pfriemlichen Zähnen. Schmale, gerade, zylindrische Hülsen (Kanaren-Endemit).

Weitere Art Der Ansehnliche Backenklee hat seinen Namen zu Recht, er fällt durch seine von weiß, rosa bis violett reichende Blütenfarbe sofort auf. Die nebenblattartigen Fiedern sind am Grund frei und kurz gestielt (▼ an Felsen, sehr selten und gefährdet, Teneriffa-Endemit).

‹An›sehnlicher Backenklee
Dorycnium spectabile
(Lotus spectabilis)

▼ H P G T C F

Kanaren-Maytenus — Peralillo

Gymnosporia cassinoides

Spindelbaumgewächse *Celastraceae* 3-5(-8) m VIII-XII

Gymnosporia cassinoides **wurde früher zur Gattung *Maytenus* gestellt, worauf sich heute noch der deutsche Name bezieht. Inzwischen wurden Inhaltsstoffe mit vielversprechender medizinischer Wirkung gefunden, über die noch geforscht wird.**

Beschreibung Immergrüner, dornenloser Strauch oder kleiner Baum. Blätter etwas ledrig, eiförmig, am Rand schwach gesägt-gekerbt, kurz gestielt. Blüten in kleinen Trugdolden mit jeweils 5 weißen, 3-4 mm langen Kronblättern an einem drüsigen, grünlich gelben Diskus. Interessante kugelige, 3-klappig aufspringende Früchte, die braunen Samen am Grund von einem weißen Samenmantel umgeben (Kanaren-Endemit).

Weitere Art Der Gekerbtblättrige Kreuzdorn (ein Kreuzdorngewächs) hat meist dornige Zweigenden. Blätter von rundlich-eiförmig bis spatelig, gekerbt. Blüten in Büscheln, 4(5)-zählig, gelblich grün, etwa 4 mm breit. Früchte kugelig, zur Reifezeit schwarz, giftig (▼ alle Inseln, endemisch, 1-3 m, XII-IV).

Gekerbtblättriger Kreuzdorn
Rhamnus crenulata

H P G T C

Kanaren-Johanniskraut

Hypericum canariense

Granadillo canario

Johanniskrautgewächse *Hypericaceae (Clusiaceae)* 1–4 m III–VII

Das endemische Kanaren-Johanniskraut ist heute als Flüchtling aus Botanischen Gärten in Kalifornien, Hawaii und Australien eingebürgert. Es bildet dort gebietsweise dichte Bestände und verdrängt die heimische Vegetation.

Beschreibung Formenreicher, hoher kahler Strauch oder Baumstrauch, zur Trockenzeit bisweilen blattlos. Blätter gegenständig sitzend, länglich-lanzettlich. Blüten zahlreich an den Zweigenden, wie die Blätter ohne schwarze Drüsen. Kronblätter etwa 15 mm lang, Staubblätter in 3 Bündeln. Zuletzt braune, ledrige Kapseln. Die Art gilt in der Volksheilkunde u. a. als leichtes Beruhigungsmittel, s. Seite 127 (Kanaren, Madeira, endemisch).

Weitere Art Das Kreuzblättrige Johanniskraut hat abstehend behaarte junge Zweige. Blätter länglich-eiförmig, spitz, dicht kreuzgegenständig breit sitzend, wie Kelch- und Kronblätter am Rand mit schwarzen Drüsen (schattig-feuchte Felsen, untere Stufe bis in die Wälder, G, T, C, endemisch, 0,5–1 m).

Kreuzblättriges Johanniskraut
Hypericum reflexum

Atlantische Pistazie — Almácigo

Pistacia atlantica

Sumachgewächse *Anacardiaceae* 4–12 m III–IV

Bei der Pistazie denkt man unwillkürlich an die schmackhaften Samen der Echten Pistazie *Pistacia vera*. Die auf den Kanaren heimische Atlantische Pistazie hat nur kleine, nicht genießbare Samen. Die Volksheilkunde nutzte das Harz u. a. zur Stärkung des Zahnfleisches und Erfrischung des Atems, wie auch das des Mastixstrauches.

Beschreibung Zweihäusiger, laubwerfender Strauch oder Baum mit breiter, schirmförmiger Krone. Blätter unpaarig gefiedert, mit 5–11 kahlen, ganzrandigen, eiförmig-länglichen Blättchen an kaum geflügelter Spindel. Blüten unscheinbar in gelbgrünen (männlichen) bzw. rötlichen (weiblichen) Rispen. Eiförmig-kugelige, etwa 6 mm große Früchte (selten noch in kleinen Beständen „Almacigares“, Kanaren, östl. Mittelmeergebiet, N-Afrika, bis Pakistan).

Weitere Art Der im Mittelmeergebiet verbreitete Mastixstrauch ist immergrün. Blätter mit 4–14 bespitzten, ledrigen, ± paarig gegenständigen Blättchen, Spindel deutlich geflügelt (G, T, C, F, L, häufiger nur im NO von C).

Mastixstrauch
Pistacia lentiscus

P T ▼

Gefiederte Raute — Ruda canaria

Ruta pinnata

Rautengewächse *Rutaceae* 0,5-1,5(-2) m II-VI

Rauten sind als Heil- und Gewürzpflanzen bekannt. Allerdings enthalten sie auch giftige Inhaltsstoffe, die ihre Nutzung außer als Gewürzkraut in kleiner Menge stark einschränken. Die im Hausbereich gerne gepflanzte Wein-Raute (*Ruta graveolens*) soll die Bewohner auch vor Unglück schützen (Heimat Europa und weiter).

Beschreibung Strauch mit typischem, durchdringendem Geruch. Blätter gefiedert, meist mit 7 eiförmigen, ganzrandigen oder etwas gekerbten, kahlen, durchscheinend drüsig punktierten Blättchen. Blüten mit 4(5) gelben, am Rand gewellten und vorne gezähnelten, ausgebreiteten Kronblättern. Früchte kugelig, grubig, kichererbsengroß, wie kleine Apfelsinen (kleines Foto unten), die zur selben Familie gehören (Kanaren-Endemit).

Weitere Art Die Felsen-Raute, ein kleinerer, niederliegender bis hängender Strauch, hat blaugrüne, 3-5-zählig gefiederte Blätter. Kronblätter schwefelgelb, ganzrandig, auf dem Rücken gekielt, zusammenneigend (▼ Felsen, Gran Canaria-Endemit, 0,2-0,4 m, IV-VIII).

Felsen-Raute
Ruta oreojasme

▼

P G T C F L

Ahornblättrige Strauchpappel

Lavatera acerifolia **Malvarrisco rosada**

Malvengewächse *Malvaceae* 1–3 m XI–V

Wie viele Kanaren-Endemiten hat die Ahornblättrige Strauchpappel ihre nächsten Verwandten im Mittelmeergebiet. Die früher ebenfalls zur Gattung *Lavatera* gestellte, lachsrot blühende Phönizische Strauchpappel ist wohl ein vogelbestäubtes Relikt ehemaliger Lorbeerwälder.

Beschreibung Hoher Strauch mit ahornähnlichen, handförmig 5–7-lappigen, unregelmäßig gekerbt-gesägten, weich behaarten Blättern. Blüten oft einzeln, bis 8 cm breit, mit 5 verkehrtherzförmigen, blassrosa, am Grund dunkler geaderten Kronblättern. Kelch 5-zipfelig mit 3(4)-zähligem Außenkelch. Bei der seltenen Unterart von F und L Blätter nur schwach gelappt, am Rand gewellt, Kronblätter schmaler (meist an feuchteren Standorten, häufig als Zierpflanze kultiviert, Kanaren-Endemit).

Weitere Art Die Phönizische Strauchpappel fällt durch ihre lachsfarbenen Blüten auf, die oft schon vor dem Laubaustrieb erscheinen. Blätter fast kahl und rau (▼ selten, nur an der Nordküste, Teneriffa-Endemit).

Phönizische Strauchpappel
Navaea phoenicea

H P G T C F

Stinkstrauch Yerbamora, Hediondo

Bosea yervamora

Fuchsschwanzgewächse *Amaranthaceae* 1–3 m II–VI

Die Zuordnung zu einer bekannten Familie ist bei dieser Art schwierig. Sie unterscheidet sich innerhalb der Fuchsschwanzgewächse von allen anderen durch die Beerenfrüchte. Die isolierte Gattung hat nur 3 Arten, von denen jeweils eine weitere auf Zypern und im Himalaja-Gebirge vorkommt. Die Triebspitzen werden noch heute bisweilen in der Tiermedizin und als Färbemittel eingesetzt.

Beschreibung Kahler, zweihäusiger Baumstrauch, oft mit überhängenden Ästen. Die unangenehm riechenden Blätter wechselständig, gestielt, zugespitzt eiförmig-länglich und am Grund oft asymmetrisch. Sie sind etwas fleischig bis ledrig und auch während der Trockenperiode frischgrün. Blüten in reichen achselständigen Rispen, männliche und weibliche unauffällig mit grünlicher 5-zähliger Hülle. Dagegen weithin sichtbar die kugeligen, etwa 5 mm großen, fleischigen, rötlich violetten, zuletzt schwärzlichen Beeren (an Barrancowänden bisweilen hängend, Kanaren-Endemit).

Früchte des **Stinkstrauches**

Mocán

Mocán

Visnea mocanera

Teestrauchgewächse *Theaceae* 6–8(–15) m I–XII

Es ist überliefert, dass die reifen, süßlich schmeckenden Früchte des Mocán schon von den Ureinwohnern der Kanaren gerne verzehrt wurden. Außerdem sprach man ihnen vielfältige Heilkräfte zu, äußerlich bei der Wundversorgung mit blutstillender, entzündungshemmender Wirkung, innerlich gegen Durchfall und auch als stimulierendes Mittel.

Beschreibung Immergrüner Baumstrauch mit ± waagerechten Ästen, jüngere oft mit Korkleisten. Die dunkelgrünen ledrigen Blätter kurz gestielt, wechselständig, eiförmig-lanzettlich, am Rand schwach gesägt-gekerbt, unterseits in der Jugend abstehend behaart. Blüten duftend, zu 1–3 hängend in den Blattachseln, mit glockenförmiger, weißer, 5-zähliger Krone und 5 stumpfen, flaumig behaarten Kelchzipfeln. Diese vergrößern sich nach der Blüte, neigen zusammen und werden fleischig. Sie sind an der Bildung der zunächst grünen, später braunroten, zur Reifezeit schwarzen Früchte beteiligt (wächst auch im unteren Bereich der Lorbeerwälder, Kanaren, Madeira, endemisch).

Mocán
Früchte

▼

Heberdenie — Aderno

Heberdenia excelsa 4–10(–20) m I–VI

Primelgewächse *Primulaceae (Myrsinaceae)*

Bei den beiden hier abgebildeten Myrsinengewächsen fällt auf, dass die Blüten und damit auch die Früchte direkt den Ästen entspringen. Die Früchte besonders der Heberdenie sind geschmackvoll, sollten aber zum Schutz der Art wie die der Pleiomeris heute geschont werden.

Beschreibung Immergrüner Baum. Blätter kurz gestielt, ledrig, dunkelgrün und kahl, ± ganzrandig eiförmig-rhombisch mit stumpflicher Spitze oder wie im Teno-Gebiet zugespitzt, bis 10 x 6 cm. Blüten in kleinen Trauben, jeweils mit 5–7 freien, grünlich weißen, 4 mm langen, ausgebreiteten Kronblättern. Die etwa 6–10 mm großen, purpurnen und zuletzt dunkelblauen Früchte mit bleibendem Griffel (bis in die Lorbeerwälder, Kanaren, Madeira, endemisch).

Weitere Art Pleiomeris hat mit bis 20 x 9 cm sehr große, magnolienartige Blätter. Kronblätter weiß, am Grund verbunden, mit ausgebreiteten Zipfeln. Violettrote, 5–7 mm große Früchte (▼ ziemlich selten, am unteren Rand der Lorbeerwälder, P, G, T, C, Kanaren-Endemit).

Pleiomeris
Pleiomeris canariensis

Wohlriechender Jasmin

Jasminum odoratissimum

Jasmín silvestre

Ölbaumgewächse *Oleaceae* 1,5–4 m XII–IV

Der Wohlriechende Jasmin ist seit alters eine beliebte Zierpflanze. Der schwierig zu extrahierende feine Duft der Blüten wird (aus Kulturen u. a. im tropischen Afrika) in der Parfümindustrie neben dem anderer, darunter vieler weißblütiger, stärker duftender Jasmin-Arten genutzt.

Beschreibung Immergrüner Strauch, Blätter wechselständig (Ausnahme bei Ölbaumgewächsen), mit 3(5) schief eiförmig-länglichen, kahlen Blättchen, das endständige etwas größer. Blüten gelb, zu mehreren an den Zweigenden, die Kronröhre länger als der 5–8-zipfelige, 10–15 mm breite Saum. Früchte olivenförmig, anfangs durchscheinend, zuletzt schwärzlich (auch im oberen Sukkulentenbusch, Kanaren, Madeira, endemisch).
Weitere Art Ebenfalls zu dieser Familie gehört der Kanaren-Ölbaum („Acebuche") mit weißen, 4-zipfeligen Blüten. Er unterscheidet sich vom Kulturbaum des Mittelmeergebietes durch schmalere, lineal-lanzettliche Blätter und kleinere Früchte (▼ alle Inseln, Kanaren-Endemit).

Kanaren-Ölbaum
Olea europaea ssp. *guanchica*

H P G T C

Weidenblättrige Kugelblume **Mosquera común**

Globularia salicina 0,5–2 m III–VIII

Wegerichgewächse *Plantaginaceae (Globulariaceae)*

Durch seine strahlend blauen Blüten fällt dieser kleine Strauch sofort auf. Wenn man aus Mitteleuropa oder dem Mittelmeergebiet Kugelblumen-Arten kennt, ist die Zuordnung einfach. Auf den Kanaren gibt es 3 Arten, 2 davon sind seltene Gran Canaria-Endemiten.

Beschreibung Immergrüner Strauch mit sehr zahlreichen, kahlen, etwas fleischigen, kurz gestielten, lanzettlichen Blättern. An den Zweigenden bis 4 mm lange, blaue bis weißliche 2-lippige Blüten mit gemeinsamer Hülle in 1–3 cm lang gestielten, kugeligen, etwa 1 cm breiten, dichten Köpfchen (schattige Felsen im Wärmeliebenden Buschwald und oberen Bereich des Sukkulentenbusches. Kanaren, Madeira, endemisch).

Weitere Art Die Dickblättrige Kugelblume ist ein niedriger Felsenstrauch mit kurzen, eiförmigen, fleischig steifen, blaugrünen Blättern. Blütenköpfchen 2–7 cm lang gestielt, bis 2 cm breit, die 2-lippigen Blüten bis 8 mm lang (▼ selten im Zentrum der Insel, endemisch auf C).

Dickblättrige Kugelblume
Globularia sarcophylla

Felsen, Barrancos

Hohe Felsen und tief eingeschnittene Schluchten „Barrancos" gehören zu den charakterischen Landschaftsbildern der Kanarischen Inseln und reichen oft vom Sukkulentenbusch hinauf bis in die Lorbeer- und Kiefernwälder. Manche Arten haben den Schwerpunkt ihres Vorkommens an Felsstandorten, manche an schattigen, andere an sonnigen Felsen. Auch wenn auf den Kanaren fast alle Gesteine vulkanischen Ursprungs sind, so können diese doch sehr vielgestaltig sein und für Pflanzen in unterschiedlichem Maße Wuchsmöglichkeiten bieten. Daraus resultiert ein hoher Anteil an Endemiten. Große Basaltsäulen sind fast frei von Spalten und damit auch von Pflanzen, während geschichtete Gesteine eine Vielzahl von Standorten aufweisen. Auch Felsfluren aus junger Lava, noch praktisch ohne Bodenbildung, stellen eigene ökologische Bedingungen dar, an die einige Arten angepasst sind. Von den Dickblattgewächsen (*Crassulaceae*) sind alle drei endemischen Gattungen *Aeonium* incl. *Greenovia*, *Aichryson* und *Monanthes* mehr oder weniger stark auf felsige und feinerdearme Felsstandorte spezialisiert. Sie haben sich hier in zahlreiche endemische Arten aufspalten können.

Barrancos sind weit verbreitet, auf den wesentlich älteren Ostinseln Fuerteventura und Lanzarote aber selten. Sie verdanken ihre Existenz einer starken Erosion durch intensive Niederschläge, die schon vor Millionen von Jahren erfolgt sind. Einige bilden heute bekannte Wanderwege, wie der Barranco del Infierno. An ihrem Grund findet man sowohl Arten der jeweiligen Vegetationszone als auch herabgeschwemmte Pflanzen höherer Stufen.

Barranco de Masca, Teneriffa

H P G T C ▼

Kanaren-Knabenkraut

Orquídea canaria

Orchis canariensis

Orchideen *Orchidaceae* 0,15–0,4 m II–IV

Im Gegensatz zum Mittelmeergebiet und dem Süden Mitteleuropas sind Orchideen auf den Kanaren eher seltene Pflanzen und mit wenigen Arten vertreten. Nur 4 von ihnen sind endemisch. Sie kommen auf Felsen und in den Waldgebieten vor.

Beschreibung Pflanze mit 3–5 dem Grund genäherten, immer ungefleckten, breit lanzettlichen Blättern, meist nur mit einem Blatt, das den oft rot überlaufenen Stängel scheidig umgibt. 5–20 blassviolette Blüten, 5 Hüllblätter sind aufgerichtet, rosa bis blassviolett, nur die tief 3-lappige, gefleckte Lippe ist nach unten geschlagen. Sporn dick, leicht aufsteigend (feuchte Felsen, Kanaren-Endemit).

Weitere Art Die Metlesics-Mastorchis ist kräftig, bis 60(–90) cm hoch, die 6–8 Blätter sind gleichmäßig am Stängel verteilt. Reichblütig, mit etwa 2 cm großer, dreilappiger, gefleckter Lippe, Sporn abwärts gerichtet (▼ junge Lavaböden in der Kiefernwaldstufe, selten, P, T, C, Kanaren-Endemit, XII–II).

Metlesics-Mastorchis
Himantoglossum metlesicsianum

▼ T C

Gold-Greenovia

Bea dorada

Aeonium aureum (Greenovia aurea)

Dickblattgewächse *Crassulaceae* 0,3–0,45 m III–IV

Lange Zeit im Jahr sieht man nur die in der Mitte zunächst fast becherförmig eingesenkten, später ausgebreiteten blaugrünen Rosetten, die oft in großer Zahl die Felswände überziehen. Die Gattung *Greenovia* wird heute zu der weiter gefassten Gattung *Aeonium* gestellt.

Beschreibung Rosette mehrjährig, 6–20 cm im Durchmesser, ± sitzend, mit kurzen Ausläufern, an denen sich Tochterrosetten bilden. Die bisweilen rötlich überlaufenen, blaugrünen, fleischigen, spateligen Blätter sind am Rand kahl, dünn und durchscheinend. Blüten zahlreich, goldgelb, 2–2,5 cm breit, mit 20–35-teiliger Krone. Kelch behaart, mit linealen, spitzen Abschnitten (vor allem im Bereich der Kiefernwälder, Kanaren-Endemit).

Weitere Art Die Doppelkreis-Greenovia wächst stets einzeln, der durchscheinende Rand der Blätter ist drüsig behaart. Blüten etwa 1,5 cm breit, mit 20-teiliger Krone (▼ Felshänge von der Küste bis in die Lorbeer- und Kiefernwälder, H, P, G, Kanaren-Endemit).

Doppelkreis-Greenovia
Aeonium diplocyclum
(Greenovia diplocycla)

H P G T C ▼

Kanaren-Aeonium — Góngaro canario

Aeonium canariense

Dickblattgewächse *Crassulaceae* 0,2–0,9 m III–VIII

Aeonien sind das charakteristische Beispiel für eine Gattung, die sich auf den Kanarischen Inseln (mit rund 33 endemischen Arten und auch vielen Hybriden) reich entwickeln konnte und hier vorwiegend Felsstandorte in verschiedenen Höhenstufen besiedelt.

Beschreibung Das Kanaren-Aeonium ist formenreich, 4 Unterarten kommen vor, davon nur eine auf 2 Inseln wie die abgebildete ssp. *christii* von El Hierro und La Palma. Die meist sitzenden Rosetten 15–60 cm breit, mit blassgrünen, spatelförmigen, bespitzten, samtig behaarten und besonders bei dieser Unterart stark drüsig klebrigen Blättern. Blütenstand pyramidal, die schwefelgelben Blüten sind 6–11-teilig (Felsen und Mauern, Kanaren-Endemit).

Weitere Art Ähnlich das Keilblättrige Aeonium, aber mit kahlen, blaugrünen, keilförmigen, bespitzten, am Rand kurz bewimperten Blättern. Rosetten 20–50 cm breit (▼ auf Felsen im Bereich der Lorbeerwälder, gelegentlich epiphytisch, Teneriffa-Endemit, bis 1,2 m, IV–V).

Keilblättriges Aeonium
Aeonium cuneatum

Tellerförmiges Aeonium

Góngaro pastel de risco

Aeonium tabulaeforme

Dickblattgewächse *Crassulaceae* 0,3–0,6 m V–VIII

Das Tellerförmige Aeonium ist an seiner flach dem Felsen aufliegenden Blattrosette leicht kenntlich und an entsprechenden Standorten im Norden Teneriffas anzutreffen. Der Saft der Blätter soll bei kleinen, oberflächlichen Wunden schmerzstillend und heilend wirken.

Beschreibung Zwei- bis mehrjährige Pflanze. Die tellerförmigen Rosetten 10–40 cm breit, aus eng dachziegelig aneinandergepressten Blättern. Diese wenig fleischig, keilförmig, vorne abgerundet und mit kleiner aufgesetzter Spitze, verkahlend, am Rand deutlich weiß gewimpert. Blütenstand locker pyramidal, behaart, 15–30 cm lang, auf beblättertem Stiel, Blüten gelblich, 7–9-zählig, selten anzutreffen (Teneriffa-Endemit).

Weitere Art Das Spatelige Aeonium, ein kleiner, locker verzweigter Halbstrauch, hat 1,5–5 cm breite Rosetten aus spateligen, etwas klebrigen, oft rot überlaufenen, bewimperten Blättern. Blüten dicht stehend, goldgelb, 8–10-zählig (▼ Felsen der Kiefernwaldstufe, H, P, G, T, C, Kanaren-Endemit, III–VI).

Spateliges Aeonium
Aeonium spathulatum

T

Stadt-Aeonium

Aeonium urbicum

Bejeque puntero de Tenerife

Dickblattgewächse *Crassulaceae* 0,3–0,9(–1,5) m IV–VI

Das Stadt-Aeonium ist eine auf Teneriffa endemische, dort weit verbreitete Art. Auf jungen Lavafeldern bildet es einen wichtigen Pionier und beeindruckt oft in großen Beständen. Auffällig ist, dass es im Südosten und Westen rosa blüht (var. *meridionale*) und im Norden der Insel grünlich weiß (var. *urbicum*). Seinen Namen verdankt es der Tatsache, dass es auch auf alten Hausdächern wächst.

Beschreibung Der Stamm ist unverzweigt, durch auffällige Blattnarben gekennzeichnet. Blätter in einer einzigen, 15–30 cm breiten, endständigen Rosette, fleischig, grün oder graugrün, verkehrtlanzettlich bis länglich spatelförmig, am Ende abgerundet und bespitzt, der Rand rötlich und bewimpert. Blütenstand kahl, pyramidal bis eiförmig oder kuppelartig. Blüten 8–10-teilig. Die auch in Gärten häufig kultivierte Pflanze ist mehrjährig, stirbt aber nach der Blüte ab. In der Volksheilkunde wurde der Saft der Blätter u. a. gegen Hühneraugen und auch bei kleinen Wunden oder Hauterkrankungen verwendet.

Stadt-Aeonium
var. *urbicum*

▼ H P G T C

Baum-Aeonium

Bejeque arboreo

Aeonium arboreum

Dickblattgewächse *Crassulaceae* 0,5–2 m XII–IV

Das Baum-Aeonium ist eine häufige Pflanze auf Felsen im Bereich des Sukkulentenbusches und erfreut dort durch seine goldgelben Blüten schon im Winter. Gelegentlich wächst es wie das Stadt-Aeonium auf alten Hausdächern. Die Art ist in vielen Sorten in warmen Gebieten weltweit in Kultur und verwildert u. a. auch im Mittelmeergebiet.

Beschreibung Halbstrauch mit verzweigten, glatten Ästen. Blätter fleischig, länglich-lanzettlich, in endständigen, 10–25 cm breiten Rosetten. Der dichte ei- oder kegelförmige Blütenstand 8–25 cm lang, mit behaarten (Unterart *arboreum*, auf C) oder kahlen (Unterart *holochrysum*, übrige Inseln) Blütenstielen und Kelchblättern, die Blüten 10–11-teilig (Kanaren-Endemit).
Weitere Art Das Fleischfarbene Aeonium hat graugrüne, rot überlaufene, bespitzte Blätter mit rotem, bisweilen bewimpertem Rand. Blütenstiele behaart wie auch (spärlich) die Unterseiten der 9–10-teiligen, rosa gestreiften Blüten (▼ Gran Canaria-Endemit, bis 1 m, IV–VI).

Fleischfarbenes Aeonium
Aeonium percarneum

H P G T C F

Lockerblättriges Aichryson

Aichryson laxum **Gongarillo canario**

Dickblattgewächse *Crassulaceae* 0,15–0,3(–0,5) m III–VI

Neben den zahlreichen Aeonien gibt es unter den kanarischen Dickblattgewächsen 10 endemische Aichryson-Arten, davon 7 allein auf La Palma. Es sind kleine, 1–3-jährige, krautige Gewächse, am häufigsten und gut erkennbar ist das Lockerblättrige Aichryson.

Beschreibung Aufrechtes, fast gabelig verzweigtes, oft rot überlaufenes, zerbrechliches Pflänzchen mit weicher, abstehender, aber kaum klebriger Behaarung. Blätter flach, etwas fleischig, eiförmig, am breitesten nahe dem plötzlich in den Stiel verschmälerten Grund. 7–12-teilige, 13–16 mm breite, goldgelbe Blüten (feuchte Felsen der Waldgebiete).
Weitere Art Das Punktierte Aichryson ist nur im Blütenstand behaart. Blätter eiförmig-rhombisch, dunkelgrün und ± kahl. Kennzeichnend sind die dunkel und oft rot punktiert-gekerbten Blattränder, auch die Fläche ist manchmal punktiert. Blüten 10–12 mm breit, goldgelb, 6–10-teilig, Blütenblätter eilanzettlich (alle Inseln außer Lanzarote).

'unktiertes Aichryson
Aichryson punctatum

▼

Lockerblütiges Monanthes — Pelotilla escamosa

Monanthes laxiflora

Dickblattgewächse *Crassulaceae* 0,1–0,2 m II–VI

Zu den Dickblattgewächsen der Kanaren gehören auch 9 endemische, meist in Felsspalten wachsende, kleine Monanthes-Arten, oft mit rosettig angeordneten, winzigen fleischigen Blättern. Sie lassen sich nicht immer leicht unterscheiden. Die Blüten sind (5–)6–8(–10)-zählig und haben einen Kreis vergrößerter, fast kronblattartiger Nektarien.

Beschreibung Kleiner, locker verzweigter Halbstrauch, kriechend oder hängend. Blätter gegenständig, fleischig, kugelig bis verkehrteiförmig, stumpf, bis dreimal so lang wie breit. Sie sind grün bis rotbraun, teilweise mit einer silbergrauen Wachsschicht überzogen, oft mit einer angedeuteten Längsfurche auf der Oberseite. Blüten gelblich bis rotbraun, 4–5 mm breit (einzige Art auf mehr als 2 Inseln).

Weitere Art Das Anaga-Monanthes hat ± wechselständige, schmal elliptische, spitz zulaufende Blätter, die 4–6-mal so lang sind wie breit, ohne Wachsüberzug, oft rot überlaufen (▼ Teneriffa, Anaga-Gebiet, V–VIII).

Anaga-Monanthes
Monanthes anagensis

T ▼

Berthelot-Hornklee Picopaloma

Lotus berthelotii

Schmetterlingsblütler *Fabaceae* 0,1–0,5 m II–IV

Die 4 auffällig rot, gelb bis orange blühenden Hornklee-Arten (2 davon auf La Palma endemisch) sind so seltene Felspflanzen, dass man sie in der Natur kaum zu Gesicht bekommt. Heute sind die attraktiven Arten beliebte Zierpflanzen, auch in Mitteleuropa als Topfpflanzen, sodass man sie vor allem als Hybriden immer wieder antrifft.

Beschreibung Hängender oder ausgebreiteter Halbstrauch mit sitzenden, silbrig-seidigen, 5-zähligen Blättern, die Blättchen lineal, spitz, kaum 1 mm breit. Elegante scharlachrote Blüten mit geschnäbelten, 2,5–3 cm langen Kronblättern, die Fahne etwas kürzer und zurückgebogen (nur in wenigen Vorkommen an Felsen in der Kiefernwaldstufe, Teneriffa-Endemit).
Weitere Art Der Gefleckte Hornklee hat grüne, nur dünn behaarte Blätter mit etwas breiteren, stumpfen Blättchen. Krone bis 4 cm lang, gelb bis braunorange überlaufen, die zurückgekrümmte Fahne in der Mitte mit dunklem Band (▼ Küstenfelsen, sehr selten, Teneriffa-Endemit).

Gefleckter Hornklee
Lotus maculatus

▼ P T C

Geschwänzte Bencomia — Bencomia de monte

Bencomia caudata

Rosengewächse *Rosaceae* 1,5–4 m II–VI

Die strauchförmigen, windblütigen Rosengewächse sind eine Besonderheit der Kanaren. Die Gattungen *Bencomia*, *Marcetella* und *Dendriopoterium* tragen gefiederte Blätter schopfig an den Zweigenden und eingeschlechtige, kätzchenartige Blütenstände. Der Name der Gattung Bencomia wurde einem König der Guanchen namens Bencomo gewidmet, der zur Zeit der Eroberung auf Teneriffa lebte.

Beschreibung Blätter mit 7–13 gestielten, spitz eiförmigen, gekerbt-gesägten, am Grund asymmetrischen Blättchen, oberseits dunkelgrün, unterseits fein behaart. Blüten zweihäusig, männliche in ± aufrechten, unverzweigten Blütenständen, weibliche überhängend, mit roter, pinselförmiger Narbe. Früchte fleischig, kugelig, gelblich grün, 4–6 mm (Barrancos der Lorbeerwaldstufe).

Weitere Art Blätter der Moquin-Marcetella mit eiförmig-länglichen, gekerbten, blaugrünen, kahlen Fiedern. Blüten zweihäusig in verzweigten Ähren, Früchte trocken, braunrot, 2-flügelig (▼ G, T, C, Kanaren-Endemit, III–XII).

Moquin-Marcetella
Marcetella moquiniana

Kanaren-Silberkraut — Paniqueso

Lobularia canariensis

Kreuzblütler *Brassicaceae* 0,1–0,25(–0,7) m I–XII

Das Kanaren-Silberkraut gehört zu den intensiv untersuchten Arten der Kanarenflora, denen eine Forscherin eine umfangreiche Monografie gewidmet hat. Die Art wird heute in 9 makaronesisch-endemische Unterarten gegliedert, von denen 5 auf den Kanaren vorkommen.

Beschreibung Formenreiche Art, Kräuter oder Halbsträucher mit schmalen grünen bis silbergrau behaarten Blättern und kleinen weißen Blüten, bis 2000 m ansteigend. Am auffälligsten ist die Unterart ssp. *marginata* mit weißen, 2,1–2,6 mm breiten, plötzlich in einen Nagel verschmälerten Kronblättern. Laubblätter ganzrandig, lanzettlich, spitz, ± behaart. Schötchen etwa 5 mm groß, eirundlich, oft violett überlaufen, mit verdicktem Rand. Samen deutlich geflügelt (F, L, NW-Marokko). Die ssp. *intermedia* (Abb. links) hat dagegen spatelförmige, am Rand ± umgerollte, kaum 1,2 mm breite Kronblätter. Laubblätter schmal verkehrteiförmig, stumpf. Schötchen etwa 3 mm groß, eiförmig, behaart, mit dünnem Rand, Samen ebenfalls geflügelt (H, P, G, T, C).

Kanaren-Silberkraut
Lobularia canariensis
ssp. *intermedia*

H P G T

Grannen-Withanie

Orobal del país

Withania aristata

Nachtschattengewächse *Solanaceae* 2–4 m XI–IV

Die Art hat in der Volksheilkunde vielfältige Anwendung gefunden. Dazu gehören vor allem harntreibende und entzündungshemmende Wirkungen, auch krampflösende, leberschützende und beruhigende Eigenschaften werden bei geeigneter Dosierung angegeben. In höherer Dosis ist mit Giftwirkungen zu rechnen!

Beschreibung Meist zweihäusiger hoher Strauch, Blätter kahl, spitz eiförmig, am Grund oft ungleich keilförmig, zur Sommerzeit hinfällig. Blüten hängend, 12 bis 18 mm lang, mit grünlich gelber, glockenförmiger, 5-zipfeliger Krone. Kelche zur Fruchtzeit aufgeblasen, mit 5 charakteristisch begrannten Zähnen, zur Fruchtzeit die etwa 1 cm großen, reif orangefarbenen, kugeligen Beeren umschließend (Barrancos der unteren Stufe, Sukkulentenbusch, Kanaren, N-Afrika).

Weitere Art Die Strauchige Withanie hat rundlich-nierenförmige, kahle bis fein drüsige Blätter. Kelchzähne dreieckig, ohne Grannen, Krone gelb, glockig (▼ C, F, südwestl. Mittelmeergebiet).

Strauchige Withanie
Withania frutescens

H P G T C

Bäumchen-Wegerich **Pinillo común**

Plantago arborescens

Wegerichgewächse *Plantaginaceae* 0,1-0,6 m III-VIII

Wegerich-Arten kennt man aus Mitteleuropa als niedrige Rosettenpflanzen. Auf den Kanaren findet man daneben auch 3 endemische Sippen, die niedrige, bäumchenartige Sträucher bilden. Erst an den unscheinbaren, 4-zähligen Blüten erkennt man das Wegerichgewächs.

Beschreibung Kleiner, sparrig verzweigter Strauch. Blätter gegenständig, abstehend gehäuft an den Zweigenden, pfriemlich, im unteren Teil lang bewimpert, frischgrün, seltener grau behaart, in Küstennähe auch fleischig. Blüten in kleinen Köpfchen mit 5-7 mm langen Tragblättern, die Kronröhre ist nur 4-5 mm lang (Felsen von der Küstenzone bis zu offenen Standorten im Lorbeerwald, Kanaren, Madeira, endemisch).

Weitere Art Der Webb-Wegerich bildet niedrige Kugelbüsche mit aufrechten bis anliegenden, graugrünen, fein und dicht behaarten Blättern. Blütenköpfchen mit 4,5-5 mm langen Tragblättern, die Kronröhre nur bis 2,5 mm (Felsstandorte der subalpinen Stufe, P, T, C, Kanaren-Endemit, VI-VIII).

Webb-Wegerich
Plantago webbii

H G T C F L

Weidenblättrige Eberwurz — Malpica cabezote

Carlina salicifolia

Korbblütler *Asteraceae* 0,8–1,5(–2) m IV–VIII

Die Gattung *Carlina* ist in verschiedenen Teilen des Mittelmeergebietes mit zahlreichen einjährigen oder ausdauernden Arten vertreten. Auf den Kanaren gibt es 5 strauchförmige Endemiten. In der Volksheilkunde werden ihnen u. a. krampflösende Eigenschaften zugeschrieben.

Beschreibung Bäumchenartige Sträucher, mit immergrünen, lanzettlichen, unterseits weißfilzigen Blättern, am Rand mit wenigen feinen Dornen (fehlen meist bei den Pflanzen von F und L). Blütenköpfe bis 3,5 cm breit, aus zahlreichen blassgelben Röhrenblüten, umgeben von braunrot bespitzten, ± aufrechten, inneren Hüllblättern und an die Köpfe herangerückten Laubblättern (Kanaren, Madeira, endemisch).

Weitere Art Die Strohblumen-Eberwurz ist auf die subalpine Stufe Teneriffas beschränkt. Sie hat lineale, oberseits graugrün filzig behaarte Blätter mit entfernten Dornen am Rand. Blütenköpfe nur bis 2 cm breit, mit goldgelben, zurückgeschlagenen inneren Hüllblättern (Teneriffa-Endemit, VII–IX).

Strohblumen-Eberwu
Carlina xeranthemoides

F

Seidenhaariger Goldstern **Jorado**

Asteriscus sericeus

Korbblütler *Asteraceae* 0,3–1 m II–VI

Als Felspflanze ist der Seidenhaarige Goldstern eigentlich nur ein Endemit der Insel Fuerteventura. Auf El Hierro, Teneriffa und Gran Canaria ist er eingebürgert. Heute findet man ihn auch auf allen anderen Kanareninseln immer wieder als beeindruckende Zierpflanze.

Beschreibung Kräftiger dichter Strauch mit starkem Geruch. Die an den Zweigenden gehäuft stehenden, drüsigen, lang seidenhaarigen Blätter spatelig und winzig bespitzt. Blütenköpfe auffällig, 3,5–5,5 cm breit, mit gelben Zungen- und Scheibenblüten, an abstehend behaarten Stielen.
Weitere Art Der Schmalblättrige Goldstern ist ein bis 0,5 m hohes, reich verzweigtes, aromatisches, formenreiches Sträuchlein. Die seidig behaarten Blätter sind bei der ssp. *stenophyllus* (Abb.) lineal, die Blütenköpfe nur 1,5–3,5 cm breit. Sie werden meist von den äußeren Hüllblättern überragt (Gran Canaria-Endemit vor allem im SW, im NO und NW-Afrika die ssp. *odorus* mit breiteren, bisweilen entfernt gezähnten Blättern).

Schmalblättriger Goldstern
Asteriscus graveolens

T

Wollige Zinerarie

Palomera

Pericallis lanata

Korbblütler *Asteraceae* 0,15–0,3 m III–VI

Die Wollige Zinerarie ist eine der 12 endemischen Arten der Kanaren, von denen 9 inselspezifisch sind. Sie ist eine Elternart der einjährigen Garten-Zinerarie, die als Topfpflanze auch in Mitteleuropa bekannt und beliebt ist und in zahlreichen, unterschiedlich gefärbten Sorten gezüchtet wird.

Beschreibung Zwergstrauch mit niederliegenden, oft auch hängenden, stark behaarten Ästchen. Blätter dicklich, fast rundlich, 5–7-lappig, oberseits spinnwebig behaart, unterseits weißwollig. Blütenköpfchen meist einzeln, 3–5 cm breit, mit 10–16 purpurnen, am Grund weißen Zungen- und dunkelpurpurnen Röhrenblüten. Hüllblätter kahl (Teneriffa-Endemit).
Weitere Art Die krautige Webb-Zinerarie hat Grundblätter mit doppelt gezähneltem Rand, Unterseite weißfilzig, obere Blätter am Grund mit Öhrchen. Blütenköpfchen 1–2,5 cm breit, zu 10–20, mit rosa bis purpurnen Zungen- und purpurnen Röhrenblüten (Gran Canaria-Endemit, 0,4–1,2 m, V–VI).

Webb-Zinerarie
Pericallis webbii

Umgerollte Lugoa **Margarita de Lugo**

Gonospermum revolutum (Lugoa revoluta)

Korbblütler *Asteraceae* 0,3–0,5 m IV–VI

Die heutigen Methoden der molekularen Genetik führen zu neuen Erkenntnissen über die Verwandtschaft von Arten. Daraus ergeben sich oft neue wissenschaftliche Namen: So gehören die bisherigen Gattungen *Lugoa* und kanarische *Tanacetum*-Arten jetzt zu *Gonospermum*.

Beschreibung Am Grund verholzte Pflanze. Rosetten- und Stängelblätter behaart, tief fiederschnittig, ihre Abschnitte regelmäßig schwach buchtig gelappt, am Rand umgerollt. Wenige, etwa 2 cm breite Blütenköpfchen mit gelben Röhrenblüten, etwa 20 weißen, breit 3-zähnigen Zungenblüten und mit Spreublättern (Felsstandorte im Sukkulentenbusch, Teneriffa-Endemit).
Weitere Art Der Rautenkraut-Kantensame hat 2fach fiederschnittige, etwas fleischige und drüsig-klebrig behaarte Blätter. Abschnitte ± lineal, mit Terpentingeruch. Köpfchen mit 7–8 weißen Zungenblüten, ohne Spreublätter. Die Art wurde früher in der Volksheilkunde u. a. zur Förderung der Verdauung eingesetzt (Gran Canaria-Endemit, bis 1 m hoch).

utenkraut-Kantensame
ionospermum ferulaceum
(Tanacetum ferulaceum)

Lorbeerwälder, Baumheide-Buschwälder

Die Lorbeer- und Baumheide-Buschwälder sind auf die Nord- und Nordostseiten der höheren Inseln zwischen 600 bis 1400 m beschränkt, da sie an die Passatniederschläge gebunden sind. Sie werden auch als „Monteverde" bezeichnet. In den immergrünen Lorbeerwäldern „Laurisilva" dominieren oft die vier Lorbeergewächse, teilweise sind sie reich an Moosen und Farnen. Weitere Arten, wie der Portugiesische Kirschlorbeer, bilden bisweilen größere Bestände. Einige Bäume, wie auch der Kanaren-Lorbeer, vermehren sich durch Stockausschläge, sodass ein alter, abgestorbener Stamm von mehreren jüngeren umgeben sein kann. Bekannt sind die Wälder des Nationalparks Garajonay auf La Gomera, große Vorkommen gibt es auch auf La Palma bei Los Tilos und auf Teneriffa im Teno- und Anagagebiet. Auf Gran Canaria bemüht man sich im Barranco de Moya um ihre Wiederherstellung. Wie in vielen Wäldern kommen hier die Pflanzen des Unterwuchses besonders auf Lichtungen und damit am Rand der Wanderwege zur Blüte. Auf F und L wachsen keine Lorbeerwälder, nur einzelne Arten an unzugänglichen Stellen.

Baumheide-Buschwälder „Fayal-Brezal", niedrigere Bestände vor allem der Baumheide und des Makaronesischen Gagelbaumes finden sich sowohl unterhalb als auch oberhalb der Lorbeerwälder und sind mit ihnen durch Übergänge verbunden. Besonders hohe Bestände gibt es auf El Hierro auf der Hochfläche. Die Baumheide-Buschwälder bilden darüber hinaus Regenerationsstadien der Lorbeerwälder. Sie wurden früher niederwaldartig zur Holzgewinnung bewirtschaftet und erreichen heute zunehmende Höhen.

Lorbeerwald bei La Galga, La Palma

▼

Talerfarn

Tostonera

Adiantum reniforme

Farnpflanzen *Pteridaceae* 0,03–0,25 m I–XII

Der Talerfarn gehört durch seine charakteristische Form zu den leicht kenntlichen Farngewächsen. Auch wenn sein Verbreitungsgebiet von Madeira und den Kapverden über Afrika bis Zentralchina reicht, so ist er doch eine typische Felspflanze der kanarischen Waldgebiete.

Beschreibung Die rundlichen bis nierenförmigen Wedel mit gabelig verzweigten Nerven sitzen an dünnen, dunklen Stielen. Am umgeschlagenen Blattrand auf der Unterseite winzige Sori mit den Sporen. In der Volksheilkunde wurde der Tee als harntreibendes Mittel, gegen Husten und wie auch die folgende Art zur Kräftigung verwendet.

Weitere Art Der Gold-Milzfarn (*Aspleniaceae*) wird jetzt zur Gattung *Asplenium* (früher *Ceterach*) gestellt. Wedel ledrig, länglich, mit beiderseits versetzten Abschnitten, ihre Unterseiten dicht mit braunen Spreuschuppen bedeckt. Die traditionelle Anwendung gegen vielerlei Beschwerden hat durch Sammeln und Handel der Pflanze zur heutigen Seltenheit und Gefährdung geführt (▼ Kanaren, alle Inseln, Kapverden, endemisch).

Gold-Milzfarn
Asplenium aureum

▼ P G T C

Wurzelnder Kettenfarn — Píjara

Woodwardia radicans

Farnpflanzen *Blechnaceae* Bis 3 m IV–VIII

Mehrere große Farne können in feuchteren Lorbeerwäldern Bestände bilden. Am eindrucksvollsten ist der Wurzelnde Kettenfarn, der gelegentlich ganze Hänge überzieht. Mit seinen Brutknospen am Ende der Wedel kann er sich bei Bodenkontakt vegetativ vermehren.

Beschreibung Die sehr großen, überhängenden, ledrigen Wedel eiförmig-lanzettlich, 2-mal so lang wie ihr Stiel und 2fach gefiedert. Fiedern bis 30 cm lang, geschwänzt, mit sichelförmigen, schwach gekerbt-gezähnten Abschnitten. Ein sicheres Merkmal sind die länglichen Sori, die in 2 Reihen gleichmäßig beiderseits der Mittelrippen stehen (feuchte, bisweilen lichte Standorte, Makaronesien, selten in S-Europa, Algerien).

Weitere Art Gut kenntlich ist der Schattenfrauenfarn (*Athyriaceae*) an den kahlen, schwärzlichen, bis 1,9 m langen Stielen der aufrechten, keinen Trichter bildenden Wedel. Spreite bis zu 3fach gefiedert, Sori zwischen den Nerven (▼ P, G, T, C, Makaronesien, SW-Spanien).

Schattenfrauenfarn
Diplazium caudatum

Kanaren-Davallia **Helecho batatilla**

Davallia canariensis

Farnpflanzen *Davalliaceae* 0,15–0,4 m X–V

Farnpflanzen wachsen in dem luftfeuchten Klima der Lorbeerwälder sowohl auf dem Boden als auch auf Felsen und einige Arten, wie die beiden hier dargestellten, bisweilen auch als Epiphyten auf Baumstämmen.

Beschreibung Der Farn fällt durch sein teilweise oberirdisch kriechendes, mit Schuppen bedecktes Rhizom (Erdspross) auf. Die einzeln und entfernt stehenden Wedel sterben im Sommer ab und treiben im Herbst frisch aus. Spreite etwas ledrig, etwa so lang wie ihr Stiel, 3–4fach gefiedert. Randnahe Sori in schüsselartigen Hüllen. Die Rhizome wurden früher in der Volksheilkunde u. a. als fiebersenkendes und auswurfförderndes Mittel genutzt (Kanaren, Madeira, Kapverden, westl. Mittelmeergebiet).

Weitere Art Auch der Makaronesische Tüpfelfarn (*Polypodiaceae*) hat oft ein sichtbares Rhizom. Wedel fiederteilig, mit deutlich gekerbt-gesägten, schmalen Abschnitten. Ovale, schleierlose Sori auf der Unterseite neben dem Hauptnerv (▼ Kanaren, alle Inseln, Madeira, Azoren, SW-Spanien).

Makaronesischer Tüpfelfarn
Polypodium macaronesicum

H P G T C F

Kanaren-Lorbeer **Loro**

Laurus novocanariensis

Lorbeergewächse *Lauraceae* 15–25 m XII–V

Der Kanaren-Lorbeer steht namengebend für die Formation der Lorbeerwälder. Als Gewürz und zu Heilzwecken verwendet man heute überwiegend die stärker aromatischen Blätter des mediterranen Echten Lorbeerbaumes, der vereinzelt auch auf den Kanaren kultiviert wird.

Beschreibung Meist 2-häusiger, hoher Baum, am Stammfuß mit Stockausschlägen. Borke grau, ziemlich glatt. Die nur schwach aromatischen Blätter dunkelgrün glänzend, wechselständig, eiförmig-lanzettlich, am Rand glatt bis höchstens schwach gewellt. Entlang der Mittelrippe sieht man in den meisten Achseln der Seitennerven kleine „Drüsen" (Domatien, von Milben bewohnte Ausbuchtungen), ein sicheres Kennzeichen für diese Art. Blüten knäuelig, mit jeweils 4-blättriger, gelblicher Hülle. Früchte fleischig, olivenförmig, zur Reifezeit blauschwarz, ohne Blütenreste (Kanaren, Madeira, Marokko).

Weitere Art Am Stamm des Kanaren-Lorbeers sieht man bisweilen den geweihartigen, gelbbraunen Lorbeerbaumpilz (H, P, G, T, C).

Lorbeerbaumpilz
Laurobasidium lauri

Indische Persea

Viñátigo

Persea indica

Lorbeergewächse *Lauraceae* Bis 30 m III–IX

Die Indische Persea erkennt man am einfachsten durch einen Blick auf den Waldboden: Dort liegen fast immer ihre vergilbenden, oft leuchtend orangeroten Blätter. Die Art ist für Mensch und Vieh als Giftpflanze anzusehen, von Ratten werden aber junge Triebe gerne gefressen und erzeugen bei ihnen einen rauschartigen Zustand.

Beschreibung Hoher Baum mit ziemlich regelmäßig warziger, grauer, später bräunlicher Borke. Das rotbraune Holz wird auch als „Kanarisches Mahagoni" bezeichnet. Blätter wechselständig, länglich-lanzettlich mit glattem, schwach umgebogenem Rand, bis 20 cm lang. Sie sind heller grün als die der übrigen Lorbeergewächse, der auf der Unterseite stark hervortretende Mittelnerv hat zahlreiche regelmäßige Seitenerven ohne Domatien (s. Seite 114) in den Winkeln. Blüten zwittrig in kleinen Rispen, mit jeweils 6 gelblich grünen Blütenhüllblättern. Die fleischigen, olivenartigen Früchte sind zuletzt blauschwarz (Kanaren, Madeira, endemisch, Azoren eingebürgert).

Orangerote Blätter
von *Persea indica*

▼ H P G T C

Stinklorbeer

Til

Ocotea foetens

Lorbeergewächse *Lauraceae* Bis 30 m VI–IX

Charakteristisch für die Bäume des Lorbeerwaldes ist, dass sie fast alle sehr ähnliche, ungeteilte und meist ganzrandige, kurz gestielte Blätter haben. Unterschiede liegen in der Blattform (seltener mit Zähnen) und ob Drüsen (Domatien) vorhanden sind oder fehlen (s. Seite 114).

Beschreibung Frisches Holz des immergrünen Baumes mit unangenehmem Geruch. Blätter breit lanzettlich, mit 2–3 auffälligen, stark behaarten Domatien in den Achseln nur der unteren Seitennerven. Blütenstand rispig, 6 weißliche, 2–3 mm lange Blütenhüllblätter. Die reif blauschwarzen Früchte sitzen wie Eicheln im unteren Drittel der fleischig entwickelten Blütenachse (feuchtere Ausbildungen der Lorbeerwälder, Kanaren, Madeira, endemisch).

Weitere Art Der Barbusano, ebenfalls ein Lorbeergewächs mit 6 gelblichen Blütenhüllblättern. Der Baum ist an seinen Blättern leicht kenntlich, wenigstens einige haben auf der Oberseite durch Milben hervorgerufene „Beulen“. Früchte olivenartig, essbar (H, P, G, T, C, F, Madeira, endemisch).

Barbusano
Apollonias barbujana

Zweiblättriger Grünstendel — Orquídea de dos hojas

Gennaria diphylla

Orchideen *Orchidaceae* 0,1–0,4 m I–IV

Der Zweiblättrige Grünstendel gehört zu den unscheinbar blühenden Arten der Baumheide-Buschwälder. Fast immer bildet er aber größere Bestände, die nicht zu übersehen sind. Der Kanarenstendel tritt als Felspflanze dagegen meist nur in wenigen Exemplaren auf.

Beschreibung Aufrechte Pflanze mit 2(3) wechselständigen, am Grund herzförmig stängelumfassenden Blättern und einem langen, einseitswendigen Blütenstand. 10–50 und mehr kleine, gelblich grüne Blüten mit kurzem, sackförmigem Sporn. Die äußeren Hüllblätter 3–4 mm lang, Lippe 3-teilig, der Mittellappen breiter als die nach außen gekrümmten seitlichen (auch in Kiefernwäldern, Kanaren, Madeira, westl. Mittelmeergebiet).

Weitere Art Der Kanarenstendel blüht ebenfalls gelblich grün. Stängel aber nur am Grund mit 2(3) lanzettlichen, in eine Spitze auslaufenden Blättern. Lippe in 3 lange, schmale Lappen zerteilt, der 9–15 mm lange Sporn abwärts gerichtet (▼ Felsen der Lorbeerwaldstufe, H, P, G, T, C, L, Kanaren-Endemit).

Kanarenstendel
Habenaria tridactylites

Raue Stechwinde — Zarzaparrilla común

Smilax aspera ssp. *mauritanica* IX–XII

Stechwindengewächse *Smilacaceae* Bis 6(–10) m kletternd

Die Stechwinde klettert bis hoch in die Bäume der Lorbeerwälder. Sie wird gerne mit der selteneren Kanaren-Stechwinde verwechselt. In der Volksmedizin wurde die Art vielfältig verwendet, als „blutreinigendes" Mittel u. a. mit schweiß- und harntreibender sowie abführender Wirkung. Der Einsatz kann mit Nebenwirkungen verbunden sein.

Beschreibung Immergrüner, 2-häusiger Strauch, in dieser Unterart stachellos, am Grund der Blätter mit 2 Ranken kletternd. Blätter ledrig, breit herzförmig, 5–9-nervig. Weißliche 6-zählige Blüten in verlängerten Blütenständen aus vielen, kleinen Scheindolden. Erbsengroße, anfangs grüne, rote, zuletzt schwärzliche Beeren (Kanaren, Madeira, westl. Mittelmeergebiet).
Weitere Art Die Kanaren-Stechwinde hat dagegen eilanzettliche, am Grund gerundete, aber kaum herzförmige, nur 3–5-nervige Blätter. Blattstiel im oberen Drittel verdickt. Blüten (sehr selten ausgebildet) zu 4–12 in achselständigen Scheindolden (▼ P, G, T, C, F, Madeira, endemisch).

Kanaren-Stechwinde
Smilax canariensis

▼

Klettermäusedorn — Gibalbera

Semele androgyna

Spargelgewächse *Asparagaceae* Bis 10 m XI–V

Auch der Klettermäusedorn windet sich bis hoch in die Wipfel verschiedener Bäume. Oft findet man zunächst weder Blüten noch Früchte, die einen Hinweis auf die Artzugehörigkeit geben würden. Er ist durch Sammeln als Schmuckpflanze gefährdet und auch durch vielfältige frühere Anwendung als Heilpflanze mit harntreibenden, entzündungshemmenden und venentonisierenden Eigenschaften.

Beschreibung Immergrüner 2-häusiger Strauch. Blattartig verbreiterte, eiförmig-lanzettliche, bisweilen gelappte, kahle Kurztriebe (Phyllokladien) täuschen 2-zeilig angeordnete, glänzende ledrige Blätter vor. An ihren Rändern zu 2–6 knäuelig sitzende Blüten mit jeweils 6 gelblichen, 3 mm langen Abschnitten. Etwa 1 cm große, zuletzt rote, kugelige Beeren (Kanaren, Madeira, endemisch).

Weitere Art Bei der Gay-Semele sitzen Blüten bzw. Früchte auf der Fläche der Phyllokladien, seltener am Rand (▼ Gran Canaria-Endemit).

Gay-Semele
Semele gayae

H P G T C F L

Kanaren-Hahnenfuß Morgallana

Ranunculus cortusifolius

Hahnenfußgewächse *Ranunculaceae* 0,5–1 m I–IV

Bisher einzige endemische und damit heimische Hahnenfußart auf den Kanaren, Madeira und den Azoren. Vor kurzem wurden durch molekular-genetische Untersuchungen unterschiedliche Sippen auf den drei Inselgruppen festgestellt, die wohl bald eigene Namen erhalten werden.

Beschreibung Kräftige, abstehend behaarte Staude mit lang gestielten, 15–30 cm breiten, rundlich-herzförmigen, 3–7-lappigen, gekerbt-gesägten Grundblättern. Die 5-zähligen goldgelben Blüten sind mit bis zu 5 cm Breite sehr groß. Zur Reifezeit schwarze, glatte, bogig geschnäbelte Früchtchen (oft Wegbegleiter in Lorbeer- und Kiefernwäldern, an feuchten Standorten).

Weitere Art Der verholzte, klebrige Kanarenenzian (ein Enziangewächs) hat sitzende, gegenständige, ganzrandige, spitz eiförmig-lanzettliche Blätter mit 3–5 Hauptnerven. Die hellgelben, 5-zipfeligen Blüten werden von 2 großen verwachsenen Hochblättern gestützt (▼ an ähnlichen Standorten, H, P, G, T, C, Kanaren-Endemit, 0,5–2 m, III–VI).

Kanarenenzian
Ixanthus viscosus

H P G T C

Schmalkronblättrige Teline   Gacia

Teline stenopetala (Genista stenopetala)

Schmetterlingsblütler *Fabaceae*   1–6 m   III–VI

Teline-Arten sind dornenlose Sträucher, sie kommen vor allem auf den zentralen Inseln vor und fehlen auf Fuerteventura und Lanzarote. Die Kelche sind 2-lippig mit tief 2-spaltiger Ober- und 3-zähniger Unterlippe. Am weitesten verbreitet ist die Schmalkronblättrige Teline (mit 5 Unterarten).

Beschreibung Hoher Strauch mit lang gestielten Blättern aus 3 elliptisch-lanzettlichen, ± seidig behaarten, bis 5 (–7) cm langen Blättchen. Blüten in endständigen Trauben, 12–16 mm lang, die eiförmige Fahne so lang wie das Schiffchen, kahl oder auf dem Mittelnerv behaart. Die in der Volksheilkunde als harntreibend bekannte Art ist aufgrund ihres Alkaloidgehaltes als giftig anzusehen (auch in Kiefernwäldern, Kanaren, Kapverden, endemisch).

Weitere Art Die Kanaren-Teline hat 3-zählige, nur 3–10 mm lange, eiförmig-lanzettliche, oberseits fast kahle, unterseits seidig wollig behaarte Blättchen an kurzem Stiel. Fahne zur Spitze hin V-förmig fein behaart (Gebüsche in der Lorbeerwaldstufe, T, C, Kanaren-Endemit, 1–3 m, I–VIII).

Kanaren-Teline
Teline canariensis
(Genista canariensis)

Kletternde Wicke

Vicia scandens

Chicharilla canaria mayor

Schmetterlingsblütler *Fabaceae* 2-6(-12) m VI

Wicken sind in Mitteleuropa und im Mittelmeerraum weit verbreitet. Von den 21 Arten der Kanarischen Inseln sind 7 endemisch und kommen überwiegend nur auf 1 Insel vor. Weitere Untersuchungen könnten in den nächsten Jahren noch zur Beschreibung neuer Arten führen.

Beschreibung Am Grund verholzende, mit verzeigten Ranken oft in der Baumheide weit und hoch kletternde Wicke. Blätter mit linealen Blättchen, 3-5(-8)-paarig gefiedert. Blüten zu (6-)12-20(-30) in lang gestielten Trauben. Krone weißlich, violett überlaufen, 10-18 mm lang, die unteren Kelchzähne weit vorgestreckt, länger als die Röhre (Teneriffa-Endemit, im Norden).

Weitere Art Die Ranken-Wicke ist 1-jährig und zart. Blätter 2-4-paarig gefiedert. Blüten zu 3-10(-12) in lang gestielten Trauben, Krone weißlich oder rosa überlaufen, blauviolett geadert, 10-12 mm lang. Kelchzähne klein, ungleich, kürzer als die Röhre, der obere nur bis 1 mm lang (Sukkulentenbusch im oberen Bereich, H, P, G, T, C, Kanaren-Endemit, bis 1,5 m, II-V).

Ranken-Wicke
Vicia cirrhosa

H P G T C F

Bolle-Brombeere

Zarza de monte

Rubus bollei

Rosengewächse *Rosaceae* 1,5–8 m V–VII

Wer Brombeeren aus Mitteleuropa mit ihren 2-jährigen Trieben in Hecken und Wäldern kennt, wird staunen, wenn er in den Lorbeerwäldern die Pflanzen ausdauernd und hoch hinauf in die Bäume klettern sieht. Er wird sich dann nicht wundern, dass dies endemische Arten sind.

Beschreibung Mehrjährige Triebe mit kräftigen, zurückgekrümmten Stacheln und einfachen Haaren. Blätter 5-zählig gefingert, oberseits kahl, unterseits grau bis weißfilzig, unregelmäßig gesägt, Endblättchen breit eiförmig bis fast rundlich, 8–12(–15) cm lang, mit kurzer ausgezogener Spitze. Blütenstand sehr groß, Kronblätter breit eiförmig, weiß, selten blassrosa (Kanaren, Madeira, endemisch). Bildet Hybriden mit der Mittelmeer-Brombeere *R. ulmifolius*.

Weitere Art Die La Palma-Brombeere zeichnet sich durch sitzende Drüsen, Drüsenborsten sowie lange einfache Haare zwischen den Stacheln aus. Blätter beiderseits nur dünn behaart, grün, Endblättchen 14–19 cm, oft mit lang ausgezogener Spitze (P, G, T, C, Kanaren-Endemit).

La Palma-Brombeere
Rubus palmensis

Portugiesischer Kirschlorbeer **Hija**

Prunus lusitanica ssp. *hixa*

Rosengewächse *Rosaceae* 3-8(-15) m VI-IX

Da man Blüten bei den Lorbeerwaldbäumen nicht immer findet, ist es erfreulich, wenn auch andere Merkmale zum Bestimmungserfolg führen. Der Portugiesische Kirschlorbeer hat als einzige Art vollständig stumpf gekerbt-gesägte Blätter, unterseits am Grund 2 eingesenkte Drüsen. Gegenständige Blätter hat hier allein die Hohe Picconie.

Beschreibung Immergrüner kahler Strauch oder hoher Baum, die rötlich gestielten, ledrigen Blätter zugespitzt länglich-lanzettlich. Blüten in 4–18 cm langen, aufrechten Trauben, mit weißen, abgerundeten Kronblättern. Früchte spitz eiförmig, 6–8 mm, zuletzt schwarzpurpurn, giftig wie auch die Blätter (die Unterart endemisch auf den Kanaren und Madeira).
Weitere Art Die Hohe Picconie (ein Ölbaumgewächs) kommt überwiegend im unteren Bereich der Lorbeerwälder vor. Blätter breit lanzettlich, ganzrandig. Blüten mit tief 4-teiliger weißer Krone. Olivenförmige, zuletzt blauschwarze Früchte (▼ H, P, G, T, C, F, Kanaren, Madeira, endemisch, I–V).

Hohe Picconie
Picconia excelsa

H P G T C

Strauchglaskraut — Estrelladera

Gesnouinia arborea

Brennnesselgewächse *Urticaceae* 0,5–5 m I–VII

Brennnesselgewächse kennt man aus Mitteleuropa als ein- bis mehrjährige Kräuter. In den Lorbeerwäldern der Kanaren findet man auch strauchige Vertreter wie das Strauchglaskraut *Gesnouinia*, eine nur aus dieser Art bestehende, endemische Gattung.

Beschreibung Baumstrauch ohne Brennhaare. Blätter ausdauernd, wechselständig, eiförmig-lanzettlich. Weißliche oder rotviolette, überhängende rispige Blütenstände an den Zweigenden, je 2 männliche und eine weibliche winzige Blüte von einer Hülle umgeben (Kanaren-Endemit).
Weitere Art Die Maulbeerblättrige Brennnessel ist ein weiterer verholzter Vertreter dieser Familie im Unterwuchs der Lorbeerwälder. Blätter mit Brennhaaren, gegenständig, ± herzförmig, gekerbt. Blütenstände eingeschlechtig in den Blattachseln. Die Pflanze hat wie mitteleuropäische Brennnesseln harntreibende Eigenschaften, auch bei Atemwegserkrankungen wird sie genutzt (H, P, G, T, C, Madeira, endemisch, 0,4–1,5 m, IV–VII).

Maulbeerblättrige Brennnessel
Urtica morifolia

Makaronesischer Gagelbaum — Faya canaria

Morella faya (Myrica faya)

Gagelstrauchgewächse *Myricaceae* 4–10(–18) m III–IV

Diese zweite bestandsbildende Art im Baumheide-Buschwald hat frisch essbare Früchte, wohlschmeckend sind sie aber nicht. Getrocknet wurden sie früher zermahlen und wie Gofio verwendet. Die Blätter waren in der Volksheilkunde u. a. als Tee bei Erkältungen in Gebrauch.

Beschreibung Immergrüner, meist zweihäusiger Strauch oder Baum. Die aromatischen, ledrigen Blätter länglich-lanzettlich, fein drüsig punktiert, am Rand gewellt und schwach umgerollt. In den Blattachseln verzweigte kätzchenartige Blütenstände, die männlichen auffällig, gelbgrün bis rot überlaufen. Kugelige, 4–6(–8) mm große, etwas fleischige, schwarze, maulbeerartige Früchte, worauf sich der lateinische Name *Morella* bezieht (auch in Kiefernwäldern, Kanaren, Madeira, Azoren, endemisch).

Weitere Art Der Römische Gagelbaum ist sehr selten. Blätter spatelig, vorn abgerundet bis ausgerandet, schopfig an den Zweigenden angeordnet, viel kürzer als bei der weit verbreiteten Art (▼ H, P, G, Kanaren-Endemit).

Römischer Gagelbaum
Morella rivas-martinezii

H P G T C F L

Großblättriges Johanniskraut **Malfurada grande**

Hypericum grandifolium III–VIII

Johanniskrautgewächse *Hypericaceae (Clusiaceae)* 0,3–1,5 m

Dieses Johanniskraut ist von den 8 auf den Kanaren heimischen Arten mit ihren großen Blättern an das Lorbeerwaldklima angepasst. In der Volksheilkunde ist die Pflanze u. a. als leichtes Beruhigungsmittel bekannt. Verwildert kommt das weit verbreitete Tüpfel-Johanniskraut (*H. perforatum*) vor (P, T), das gut untersucht ist und heute medizinisch bevorzugt wird. Bei der Anwendung sind Gegenanzeigen zu beachten.

Beschreibung Immergrüner, kahler Strauch, Blätter gegenständig, breit eiförmig, 4–9 cm lang, stängelumfassend, aber nicht verwachsen. Blüten groß, mit 18–22 mm langen Kronblättern, braune Kapseln. Pflanze ohne schwarze Drüsen (Lorbeerwaldlichtungen, auch an tieferen, schattigen Standorten, Kanaren, Madeira, endemisch).
Weitere Art Das Drüsige Johanniskraut hat schmalere, 4–5 cm lange, am Rand schwarzdrüsig gekerbte Blätter, auch Kelch- und Kronblätter (nur 8–10 mm lang) tragen schwarze Drüsen (P, G, T, C, F, Madeira, endemisch).

rüsiges Johanniskraut
Hypericum glandulosum

H P G T C

Kanaren-Storchschnabel

Patagallo canario

Geranium reuteri (G. canariense)

Storchschnabelgewächse *Geraniaceae* 0,2–1 m III–VIII

Während man Storchschnabel-Arten aus Mitteleuropa als kleine, oft unscheinbare Pflanzen kennt, säumt der stattliche Kanaren-Storchschnabel im Frühjahr oft in großen Beständen die Wege im Lorbeerwald. Die Naturheilkunde kennt Zubereitungen der Blätter u. a. als Gurgelwasser gegen Entzündungen im Mund- und Rachenraum.

Beschreibung Kräftige Staude mit grundständigen Blättern, deren Spreite fast bis zum Grund 5-lappig mit fiederteiligen, gekerbt-gesägten Abschnitten. Blüten paarweise, 2–3 cm breit, auf abstehend behaarten Stielen, mit innen rosavioletten, außen weißlichen, 9–12 mm langen Kronblättern und begrannten, behaarten Kelchblättern (Kanaren-Endemit).

Weitere Art Der 1- bis 2-jährige kleine Purpur-Storchschnabel ähnelt dem europäischen Ruprechtskraut, unterscheidet sich aber z. B. durch gelbe Staubbeutel (statt rotbraune) und nur 5–9 mm lange Kronblätter (H, P, G, T, C, L, Europa, Mittelmeergebiet).

Purpur-Storchschnabe
Geranium purpureum

P G T ▼

Schmächtiger Meerkohl

Crambe strigosa

Colderrisco canaria

Kreuzblütler *Brassicaceae* 0,5–1,5 m II–VI

Diesen Meerkohl trifft man häufig an Wegen im Lorbeerwald. Er imponiert mit einem ausladend verzweigten Blütenstand, der eine große Zahl von kleinen weißen Blüten aufweist. Derzeit gibt es 13 endemische Meerkohl-Arten auf den Kanaren, nur 2 kommen auf mehreren Inseln vor.

Beschreibung Die Blätter am Ende eines verholzten Stängels genähert, gestielt, zugespitzt herzförmig, bis 20 cm lang, unregelmäßig stumpf gezähnelt und rau, unterhalb der Spreite oft mit 2 Öhrchen. Blüten sehr zahlreich, mit vier 5–6 mm langen, stumpfen, rein weißen Kronblättern. Schötchen 2-teilig, 2–3 mm groß, unten stielartig und samenlos, oben kugelig, schwach 4-rippig.
Weitere Art Der Santos-Meerkohl kommt ebenfalls in Lorbeerwäldern vor. Er hat viel größere, bis 50 cm lange, flache und am Rand schwach gezähnte dünne, fast glatte Blätter, unterseits mit anliegenden Borstenhaaren auf den Nerven (▼ P, G, bis 4 m, IV–V).

Santos-Meerkohl
Crambe santosii

Baum-Heide **Brezo**

Erica arborea

Heidekrautgewächse *Ericaceae* 4–12(–20) m II–V

Die Baum-Heide kommt von den Kanaren und Madeira über die Macchien des Mittelmeerraumes bis zum Schwarzen Meer und den Gebirgen O-Afrikas vor und ist namengebend für den Baumheide-Buschwald. Eine sehr ähnliche endemische Art wurde als Kanaren-Heide *Erica canariensis* beschrieben (Kanaren, Madeira).

Beschreibung Hoher Strauch oder Baum, junge Triebe abstehend weiß behaart. Blätter dunkelgrün, nadelartig, zu 3–4 quirlständig, am Rand stark umgerollt. Kelch und Blütenkrone weiß, 2,5–4 mm lang, krugförmig mit 4 Zipfeln. Blätter und Blüten wurden als Tee bei Harnwegsinfektionen verwendet, zerstoßene Blätter als Auflage zur Linderung nach Insektenstichen. Hauptnutzung der Art war aber die Herstellung von Holzkohle, geschnitten als Streu und Futter fürs Vieh.

Weitere Art Die Besen-Heide hat kräftigere, in Reihen übereinanderstehende Blätter, ihre Unterseite zu 2/3 vom umgerollten Rand verdeckt. Blüten 2–3 mm lang, grünlich, ± rot überlaufen (H, G, T, Kanaren-Endemit).

Besen-Heide
Erica platycodon

Kanarischer Erdbeerbaum — Madroñero canario

Arbutus canariensis

Heidekrautgewächse *Ericaceae* 4–8(–15) m XII–V

Der Erdbeerbaum ist eine auffällige Art: Sie ist nicht nur an den kleinen, orangeartigen Früchten, sondern auch an der braunroten, sich streifig schälenden, dann glatten hellbraunen Rinde leicht zu erkennen. Der in den Macchien des Mittelmeergebietes heimische Westliche Erdbeerbaum (*Arbutus unedo*) wird kultiviert und kann verwildern.

Beschreibung Immergrüner hoher Strauch oder Baum. Blätter an etwa 2 cm langen, drüsig behaarten Stielen, dunkelgrün ledrig, länglich-lanzettlich, am Rand schwach gekerbt-gesägt, mehr als 3-mal so lang wie breit. Blüten in drüsig behaarten Rispen, die krugförmigen Kronen mit 5 umgeschlagenen Zipfeln, grün bis weißlich, rosa überlaufen. Die kugeligen, 2–3 cm breiten, gelborange, fein warzigen Früchte wie die im Mittelmeergebiet essbar, aber nicht wohlschmeckend. Sie wurden früher wegen ihres Gerbstoffgehaltes bei Durchfall eingesetzt. Angeboten werden sie heute u. a. als Marmelade oder alkoholisches Getränk (am Unterrand der Lorbeerwälder, Kanaren-Endemit).

Blühender Zweig **Kanarischer Erdbeerbaum**

H P G T C

Kanaren-Winde **Corregüelón de monte**

Convolvulus canariensis

Windengewächse *Convolvulaceae* Bis 10 m III–VII

Winden kennt man aus Mitteleuropa als krautige Arten, die 10 endemischen Vertreter auf den Kanarischen Inseln sind dagegen Sträucher, oft mit windenden Stängeln, wie z. B. auch die Kanaren-Winde, die sogar hoch bis in die Gipfel der Bäume steigt, um dort mit genügend Licht ihre auffälligen, leuchtend blauen Blüten zu entfalten.

Beschreibung Kräftige, dicht und lang behaarte Liane, die andere Arten völlig überwuchern kann. Blätter gestielt, spitz herzeiförmig-länglich, dicht behaart, unterseits mit hervortretenden Blattnerven. Blüten zu 3–7 in gestielten, achselständigen Trugdolden. Krone 1,8–2,2 cm lang, blau, am Grund heller, mit dünnen dunkleren Streifen (Kanaren-Endemit).
Weitere Art Die sehr formenreiche Kleinstrauchige Winde wird nur etwa 1,5 m hoch. Stängel und die lineal-lanzettlichen bis länglichen Blätter fein behaart. Blüten meist einzeln (bis zu 3). Krone blassviolett, etwa 1,5 cm lang (▼ Felsstandorte im Sukkulentenbusch, H, P, G, T, C, endemisch).

Kleinstrauchige Wind
Convolvulus fruticulosus

T C ▼

Fledermaus-Nachtschatten **Rejalgadera**

Solanum vespertilio

Nachtschattengewächse *Solanaceae* 0,5–2 m XII–V

Zu den Nachtschattengewächsen zählen so bekannte krautige Gewächse wie Kartoffel und Tomate, beide werden auf den Kanaren angebaut und verwildern. Daneben gibt es einige als Zierpflanzen eingeschleppte, großwüchsige Nachtschatten-Arten. Am eindrucksvollsten sind aber die 2 heimischen, endemischen Sträucher. Giftpflanzen.

Beschreibung Strauch mit dicht stacheligen Ästen, auch Blattstiele und der Mittelnerv der länglich herzeiförmigen Blätter teilweise stachelig, diese oberseits dunkelgrün, unterseits heller, fein filzig. Die blauvioletten Blüten 4-zipfelig, am Rand gewellt, 2 Abschnitte verlängert und nach außen gebogen. Bis 20 mm große, kugelige, zuletzt orangerote Beeren.
Weitere Art Nur die jungen Triebe des Lid-Nachtschattens sind entfernt unregelmäßig stachelig. Blätter stachellos, länglich-lanzettlich, oberseits graugrün, unterseits weißlich. Blüten 5-zipfelig und ganzrandig. Beeren bis 8 mm groß (▼ Sukkulentenbusch, Felsen, Gran Canaria-Endemit, III–VII).

Lid-Nachtschatten
Solanum lidii

▼ P G T

Teneriffa-Kanarenfingerhut

Isoplexis canariensis **Cresta de gallo** IV–VIII

Rachenblütler *Scrophulariaceae (Plantaginaceae)* Bis 2 m

Kanarenfingerhut-Arten enthalten wie die mitteleuropäischen Fingerhüte (*Digitalis*) herzwirksame Steroidglykoside und sind damit Giftpflanzen. In der Volksheilkunde wurden die Blätter als Tee u. a. bei Herzschwäche und Diabetes verwendet, heute wird davor wegen der ungenauen Dosierbarkeit gewarnt. Außerdem stehen sie unter Naturschutz.

Beschreibung Immergrüner Strauch mit lanzettlichen, fein gesägten Blättern, die im oberen Bereich der frischen Triebe fast rosettig angeordnet sind. Darüber die hohen Blütenstände in dichten Trauben, die orangeroten Blüten bis 3 cm lang, 2-lippig, mit vorgestreckter, ausgerandeter Oberlippe und 3-zipfeliger Unterlippe. Für die Art wurde Vogelbestäubung beobachtet (Lichtungen, Waldränder im Lorbeerwald, Kanaren-Endemit).

Weitere Art Der Kupferfarbene Kanarenfingerhut trägt schmale, gesägte, unterseits dicht behaarte Blätter. Die bis 2 cm langen Blüten des lockeren Blütenstandes sind kupferfarben (▼ Gran Canaria-Endemit, sehr selten).

Kupferfarbener Kanarenfingerhut
Isoplexis chalcantha

H P G T C

Kanaren-Zitronenstrauch, Balsamstrauch

Cedronella canariensis **Algaritope**

Lippenblütler *Lamiaceae* 0,8–2 m IV–VII

Der aromatische Duft dieser Pflanze ist bemerkenswert. Das ätherische Öl, gewonnen aus Blättern und Triebspitzen, enthält wertvolle Inhaltsstoffe und so ist es auch nicht verwunderlich, dass die Volksheilkunde den „Balsamstrauch" nutzt, zum Beispiel bei Erkältungserkrankungen.

Beschreibung Sommergrüner Halbstrauch, Blätter meist mit 3 Fiederblättchen, diese zugespitzt lanzettlich, gekerbt-gesägt, unterseits graufilzig behaart, das mittlere gestielt und länger als die seitlichen. Blüten länglich kopfig gehäuft mit blassrosa, 19–24 mm langer, 2-lippiger Krone, der behaarte Kelch 13–15-nervig, mit zugespitzten Zähnen (Lichtungen, Wegränder, Kanaren, Madeira endemisch, Azoren eingeschleppt).
Weitere Art Die Wald-Bergminze ist ebenfalls ein häufiger, aromatisch duftender Begleiter im Lorbeerwald. Blätter gestielt, rundlich-eiförmig, gekerbt-gesägt, ± behaart. Blüten in entfernten Scheinquirlen zu 2–14, Krone 10–15 mm lang (H, P, G, T, C, Europa, 0,2–0,7 m, II–XI).

Wald-Bergminze
Clinopodium menthifolium ssp. *ascendens*

▼ H P T

Kanaren-Gliedkraut Chajorra de monte

Sideritis canariensis

Lippenblütler *Lamiaceae* Bis 2 m IV–VI

Kanarisch-endemische Gliedkraut-Arten *Sideritis* (insgesamt 26 Arten) sind weitgehend Sträucher, wenige nur am Grund verholzt. Dagegen sind die zahlreichen mediterranen Verwandten (über 100) krautig und haben es nicht bis auf die Kanaren geschafft. Die meisten Arten kommen auf einer Insel vor, nur 3 auf mehreren.

Beschreibung Strauch mit gekerbten, eilanzettlichen, am Grund herzförmigen, oberseits olivgrünen, unterseits gelbgrün filzigen Blättern. Der lange Blütenstand mit meist deutlich abgesetzten, reichblütigen Scheinquirlen. 8–13 mm lange Lippenblüten, weißlich mit braunem Saum. Traditionell wurden die Triebspitzen zu entzündungshemmenden und heilenden Umschlägen verwendet.

Weitere Art Das Bunte Gliedkraut hat ähnliche, fein gekerbte, oberseits dunkelgrüne, verkahlende, unterseits weißgrau filizige Blätter. Blütenstand aus dichter stehenden Scheinquirlen mit hellgelben, 7–10 mm langen Lippenblüten (▼ Gran Canaria-Endemit, bis 1 m hoch).

Buntes Gliedkraut
Sideritis discolor

Kanaren-Stechpalme **Acebiño**

Ilex canariensis

Stechpalmengewächse *Aquifoliaceae* 5–12 m IV–VII

Diese Art erkennt man leicht an den kleinen weißen, 4–5-lappigen Blütenkronen, die in Vielzahl während der Blütezeit am Boden liegen, oder später an den leuchtend roten Früchten. Diese sind giftig, man sollte sie den Vögeln überlassen. Das Holz wird in der Landwirtschaft genutzt.

Beschreibung Zweihäusiger, immergrüner Strauch oder Baum, der sich wie manch andere Lorbeerwaldart durch Stockausschläge vermehrt. Blätter gestielt, wechselständig, länglich eiförmig, ± stumpf, glattrandig, nur an Jungtrieben zeigen sich bisweilen wenige dornige Zähne. Die etwa 1 cm großen, kugeligen Steinfrüchte sind zuletzt fast schwarz (auch im Baumheide-Buschwald, gebietsweise in Kiefernwäldern. Kanaren, Madeira, endemisch).

Weitere Art Die Breitblättrige Stechpalme hat derbe, breit eiförmige, ganzrandige Blätter oder kleine, stachelige Zähne und eine fein ausgezogene Spitze. Blüten weißlich, büschelig zu 2–3, mit 4 Kronlappen (▼ P, G, T, weitere Unterarten auf Madeira, Azoren, endemisch).

Breitblättrige Stechpalme
ex perado ssp. *platyphylla*

▼ H P G T C

Kanarenglockenblume

Canarina canariensis **Bicácaro, Bicacarera**

Glockenblumengewächse *Campanulaceae* Bis 3 m X–V

Sie gehört sicher zu den bekanntesten Kanarenpflanzen, erfreut sie doch oft meterhoch kletternd im Winter und Frühjahr vor allem an den lichten Rändern des Lorbeerwaldes den Wanderer mit farbenprächtigen Glockenblüten. Die 3–4 cm großen, fleischigen, zur Reifezeit gelben bis orangefarbenen Beerenfrüchte sind essbar.

Beschreibung Kahle, milchsaftführende Staude mit krautigen, kletternden oder kriechenden Trieben. Blätter gegenständig, gestielt, schmal dreieckig-eiförmig oder spießförmig mit schwach herzförmigem Grund, unregelmäßig gekerbt-gezähnt, oberseits dunkelgrün, unterseits graugrün. Die meist 6-zipfeligen, bis 6 cm langen, orange bis braunroten, dunkler geaderten Blüten sind nektarreich und hängen einzeln an langen Stielen. Ihre Form zeigt auf den Inseln deutliche Unterschiede. Wie beim Kanarenfingerhut wurde Vogelbestäubung beobachtet, z. B. durch den Kanaren-Zilpzalp (feuchte, schattige Standorte, Kanaren-Endemit).

Schmalblütige Form der **Kanarenglockenblume**

G T ▼

Broussonet-Kanarenmargerite

Argyranthemum broussonetii **Margarita de monte**

Korbblütler *Asteraceae* 0,5–1,2 m I–XII

Während die Pflanzen der trockenen unteren Stufen oft sehr schmale Blätter haben, findet man bei denen der Lorbeerwälder auffallend breite Blätter. Besonders schön ist diese Anpassung bei Gattungen zu beobachten, die mit verschiedenen endemischen Arten in den einzelnen Vegetationsstufen vertreten sind wie die Kanarenmargeriten.

Beschreibung Reich verzweigter Strauch. Blätter ± sitzend, im Umriss eiförmig, meist 2fach fiederschnittig, mit bis 2 cm breiten, gezähnten Abschnitten, die höchstens auf der Mittelrippe zerstreut behaart sind. Blütenköpfchen an kräftigen Stielen, mit 2–4 cm langen, weißen Zungenblüten. Die Unterart von Gomera ist in allen Merkmalen zierlicher (Lorbeerwaldlichtungen, auch Zierpflanze, Kanaren-Endemit).
Weitere Art Die Webb-Kanarenmargerite hat immer völlig kahle, bis 2fach fiederschnittige Blätter mit zugespitzten Abschnitten. Blütenköpfchen mit 1,5–2 cm langen Zungenblüten (▼ La Palma-Endemit, 0,4–0,9 m, II–VI).

ebb-Kanarenmargerite
Argyranthemum webbii

Pappelblättrige Zinerarie
Pericallis appendiculata

Alamillo de monteverde

Korbblütler *Asteraceae* 0,4–1 m V–IX

Während die meisten Arten im Unterwuchs der Lorbeerwälder ihren Verbreitungsschwerpunkt in Lichtungen und an Waldrändern haben, wächst die Pappelblättrige Zinerarie auch im dunkelsten Inneren. Die Arten werden in der Volksheilkunde verwendet. Da sie Pyrrolizidin-Alkaloide enthalten, wird der Gebrauch nicht empfohlen.

Beschreibung Kleiner Strauch mit herzeiförmigen, spitzen, am Rand geschweift-gezähnten, oberseits grünen, unterseits weißfilzigen Blättern, an ihren Stielen bisweilen kleine Fiedern. Blütenköpfchen etwa 15–30 mm breit, mit 7–12 weißen Zungenblüten und gelblichen Röhrenblüten, die Hülle meist kahl (Kanaren-Endemit).

Weitere Art Ähnlich ist die krautige Steetz-Zinerarie, Grundblätter aber rundlich mit herzförmigem Grund, etwas gezähnt-gelappt, die Stiele der Stängelblätter am Grund geöhrt. Zungenblüten weiß oder hellviolett, Röhrenblüten cremefarben (Gomera-Endemit, bis 0,5 m, II–V).

Steetz-Zinerarie
Pericallis steetzii

T C

Stängellose Gänsedistel
Sonchus acaulis

Cerrajón de monte

Korbblütler *Asteraceae* 0,5–1,5 m I–V

Die Stängellose Gänsedistel sieht auf den ersten Blick wie ein riesiger Löwenzahn aus. Unterhalb der Rosette erkennt man, im Gegensatz zu ihrem Namen, oft einen kurzen Stamm. Bei genügend Niederschlägen können die Blattrosetten über 1 m im Durchmesser erreichen.

Beschreibung Blätter behaart, groß und fiederschnittig, mit spitzen, dreieckigen, fein gezähnelten Abschnitten. Blütenstand auf bis 1,5 m hohem Stiel, Köpfe aus 350–450 gelben Zungenblüten, einzeln oder mehrere doldenartig, geöffnet bis 8 cm breit. In der Knospe sind die dicht weißflockig-filzigen Hüllblätter ein gutes Bestimmungsmerkmal (vom Sukkulentenbusch bis in die Waldgebiete, Kanaren-Endemit).

Weitere Art Die Baum-Gänsedistel hat einen verzweigten Stamm mit wenigen Ästen. Blätter rosettig an den Astenden, kahl, buchtig fiederschnittig, fein gezähnt. Blütenköpfe geöffnet bis 6 cm breit. Hüllblätter nur schwach filzig bis kahl (Lorbeerwaldgebiete, T, C, Kanaren-Endemit).

Baum-Gänsedistel
Sonchus congestus

H P G T C

Fiederspaltige Andryala — Estornudera

Andryala pinnatifida

Korbblütler *Asteraceae* 0,2–0,9 m I–XII

Die mediterrane Gattung Andryala ist auf den Kanaren mit 5 Arten vertreten, von denen aber die sehr variable Fiederspaltige Andryala nach heutiger Auffassung wieder 5 Unterarten enthält. Diese kommen von den Lorbeerwäldern bis in die subalpine Stufe vor.

Beschreibung Die vielgestaltige, ausdauernd krautige, bisweilen am Grund verholzte und auch Stämmchen bildende, am weitesten verbreitete Art unterscheidet sich vor allem in den Blättern. An Standorten in Lorbeerwäldern sind diese sehr breit, buchtig gelappt, oberseits dunkelgrün oder beiderseits weißfilzig. Die vom Grund an verzweigte, silbrig schimmernde Sippe der Cañadas hat dagegen schmale Blätter mit linealen Abschnitten (Kanaren-Endemit).

Weitere Art Die Perez-Andryala (früher auch Unterart der Fiederspaltigen Andryala), hat beiderseits sternhaarig wollige, schmale, tief gelappte Blätter mit gewelltem Rand. Im Blütenstand sieht man zahlreiche schwarze Drüsenhaare (nur auf F, L, endemisch, bis 0,3 m hoch).

Perez-Andryala
Andryala perezii

H P G T C

Kanaren-Schneeball **Follado canario**

Viburnum rigidum

Moschuskrautgewächse *Adoxaceae* 4–7 m II–V

An Wegrändern und Lichtungen fällt der Kanaren-Schneeball fast das ganze Jahr auf: im Winter und Frühjahr durch weiße Blüten, später durch leuchtend stahlblaue Früchte, die als giftig zu bewerten sind.

Beschreibung Hoher immergrüner Strauch mit dicht behaarten jungen Zweigen und Blattstielen. Die gegenständigen ganzrandigen Blätter spitz eiförmig, beiderseits rau, unterseits auf den hervortretenden Nerven braunfilzig. Blüten in reichen Trugdolden, weiß, bisweilen schwach rosa, 5-lappig, bis 7 mm breit (häufig, Kanaren-Endemit).

Weitere Art Der laubwerfende Kanaren-Holunder ähnelt dem europäischen Schwarzen Holunder. Blätter gegenständig, mit 7–9 eiförmig-länglichen, zugespitzten, gesägten, unterseits auf den Nerven lang behaarten Fiedern. Blüten weiß, 4–5-lappig, 5 mm breit. Schwarze, saftige Steinfrüchte. Sehr selten an feuchten, schattigen Standorten. Das Sammeln auch für Heilzwecke ist verboten (▼ P, G, T, C, Kanaren-Endemit, IV–VII).

Kanaren-Holunder
Sambucus palmensis

Kanarenkiefernwälder

Kanarenkiefernwälder „Pinares" finden sich auf den höheren Inseln oberhalb der Lorbeerwälder und Baumheide-Buschwälder, im Süden auch direkt über dem Sukkulentenbusch. Die Waldstufen wurden auch als Wolkenstufe zusammengefasst. Mit ihren bis 30 cm langen Nadeln „kämmen" die Kiefern Niederschläge aus den Passatwolken, die Wassertröpfchen kann man oft an den Enden der Nadeln beobachten. Sie tragen damit zur Feuchtigkeit und zu den Wasserresourcen der Inseln bei. Großflächig ausgebildet sind die Wälder auf Gran Canaria, Teneriffa und La Palma, wo man sie auf langen Wanderwegen und Forststraßen erleben kann. Auf den West- und Nordseiten findet man im Unterwuchs manche Arten der Baumheide-Buschwälder und auch der Lorbeerwälder, besonders an den südexponierten Hängen aber eine Anzahl charakteristischer Kiefernwaldarten.

Leider gibt es in diesen Beständen auch immer wieder Waldbrände, die in ihrer Vielzahl heute durch menschliche Unachtsamkeit bedingt sind, früher auch sehr selten durch vulkanische Ereignisse. Die Kanarenkiefer und ihre Begleiter sind an Feuerereignisse angepasst. Die Stämme sind durch ihre dicke Borke geschützt und treiben in Stammnähe und an großen Ästen wieder aus. Es bilden sich dann über viele Jahre oft sehr schmale und manchmal bizarre Baumgestalten. Einige Arten des Unterwuchses verjüngen sich nach Brand besonders reich. Das Sammeln der Nadelstreu diente früher der Verpackung von Bananen, heute wird sie noch als Einstreu in Viehställen verwendet, ihr Entfernen dient auch dem Schutz vor Grundfeuern.

Kanarenkiefernwälder am Roque de Cumbrecita, La Palma, nach Brand

Kanaren-Kiefer — Pino canario

Pinus canariensis

Kieferngewächse *Pinaceae* Bis 25(–60) m III–V

Der Kanaren-Kiefer begegnet man auf den Inseln überall: Nicht nur waldbildend in den ausgedehnten Kiefernwäldern der westlichen und zentralen Inseln, sondern auch als Möbelholz in Restaurants und Hotels und als dauerhaftes Bauholz in alten und neuen Gebäuden. Gelegentlich trifft man hoch beladene Lkws, die die Nadelstreu zur landwirtschaftlichen Nutzung talwärts fahren. Das ätherische Öl frischer Nadeln wird u. a. zu Inhalationen bei Erkältungserkrankungen verwendet.

Beschreibung Die einzige auf den Kanaren heimische Kiefernart hat eine brandresistente, rissige, dicke Borke und kann nach Waldbränden neu austreiben. Nadeln der Jungpflanzen einzeln und blaugrün, ältere frischgrün, jeweils zu dritt in einer Scheide, biegsam, bis 30 cm lang, 3-kantig. Männliche Blüten in aufrechten, zusammengesetzten Blütenständen, Fruchtzapfen bis 20 cm lang, zuletzt glänzend nussbraun. Samen verkehrteiförmig, essbar, der 12–25 mm lange Flügel mit dunkelbraunen, gewellten Linien.

Kanaren-Kiefer
Jungpflanze

H P G T C F L

Kleinfrüchtiger Affodill — Gamona

Asphodelus ramosus

Affodillgewächse *Asphodelaceae* 0,5–1,5 m III–V

Auf den Kanaren trifft man den auch im Mittelmeergebiet weit verbreiteten Affodill in offenen Flächen der Kiefernwälder an, auch außerhalb auf beweideten Flächen. Vom Weidevieh wird er verschmäht und bildet deshalb manchmal große Bestände. Früher wurden die Wurzelknollen geröstet gegessen, heute rät man wegen der Giftigkeit davon ab.

Beschreibung Ausdauernde Pflanze mit fleischigen, spindelförmigen Wurzelknollen. Blätter 1–4 cm breit, flach, oft 2-zeilig gestellt. Blütenstand in verzweigten Trauben auf kräftigem Schaft, die Blüten mit 6 ausgebreiteten, in der Mitte rotbraun genervten, 10–20 mm langen Hüllblättern. Kapseln eiförmig bis kugelig, 6–13 mm lang (Kanaren, Mittelmeergebiet).
Weitere Art Der Kanaren-Lauch (heute ein Amaryllisgewächs) hat flache, bis 10 mm breite, am Grund schwach bewimperte Blätter. Blüten doldig auf langem, rundem Schaft, Hüllblätter weiß bis rosa, bis 7,5 mm, von den Staubblättern oft etwas überragt (alle Inseln, Kanaren-Endemit, 0,1–0,4 m).

Kanaren-Lauch
Allium canariense

Kanarenkiefernwald-Hornklee

Lotus campylocladus **Corazoncillo de Tenerife**

Schmetterlingsblütler *Fabaceae* 0,1–0,3 m III–VII

Hornklee-Arten bilden in Kanarenkiefernwäldern oft große Bestände und leuchten nicht selten bis an die Straßenränder. Vor allem einige Jahre nach einem Brand, der zunächst den sichtbaren Unterwuchs vollständig vernichtet hat, blühen sie prächtig.

Beschreibung Am Grund verholzter Hornklee, häufig ein niedriger Kugelbusch. Blätter 5-zählig gefiedert, Blättchen verkehrteiförmig, die untersten nebenblattartig an den Stängel herangerückt. 10–18 mm lange Blüten zu 3–6 in gestielten Köpfchen. Lineale, gerade Hülsen. Auf Teneriffa in der ssp. *campylocladus*, auf El Hierro und La Palma in der ssp. *hillebrandii* (Corazoncillo de La Palma), die auch als eigene Arten betrachtet werden (erstere bis in die Cañadas ansteigend, Kanaren-Endemit).

Weitere Art Die Blättchen des Pfriemenginster-Hornklees sind in der Regel schmaler, lineal bis verkehrtlanzettlich und stärker silbrig behaart. Köpfchen meist 2–5(–10)-blütig (Gran Canaria-Endemit).

Pfriemenginster-Hornklee
Lotus spartioides

(▼) H P G T C

Sprossender Zwergginster — Escobón, Tagasaste

Cytisus proliferus (Chamaecytisus proliferus)

Schmetterlingsblütler *Fabaceae* 1–5(–7) m I–VI

Der deutsche Name „Zwergginster" ist eigentlich nicht mehr zutreffend, er bezieht sich auf niedrige Sträucher der Gattung *Chamaecytisus* in Mitteleuropa. Der kanarische „Sprossende Zwergginster" ist ein weit verbreiteter hoher Strauch mit 4 Unterarten und wird heute wieder zu *Cytisus* gestellt.

Beschreibung Immergrüner hoher Strauch oder Baumstrauch mit 3-zähligen, sehr variablen, gestielten Blättern. Blättchen schmal bis breit lanzettlich oder verkehrteiförmig, spitz oder stumpf, kahl bis seidig behaart, das mittlere größer. Blüten weiß, 16–25 mm lang, zu 3–7(–10) in den Blattachseln. Fahne flächig behaart oder nur auf dem Mittelnerv, breit eiförmig bis rundlich. Kelch 2-lippig, mit 5 kleinen Zähnen. Hülsen ± gebogen, 30–75 mm lang, behaart, zuletzt schwärzlich, die 2–13 Samen mit einem deutlichen, gelblich weißen Anhängsel. Als wertvolles Viehfutter wird die Unterart von La Palma auch kultiviert (bis in die subalpine Stufe, Kanaren-Endemit).

Blühender Zweig **Sprossender Zwergginster**

Kleinblättrige Teline **Retama amarilla**

Teline microphylla (Genista microphylla)

Schmetterlingsblütler *Fabaceae* 0,5–1,5(–3) m I–VI

Die meisten Arten der Gattung *Teline* werden heute auch zu einer weiter gefassten Gattung *Genista* (Ginster) gestellt. 9 von ihnen, teilweise mit mehren Unterarten, eine davon auf den Kapverden, betrachtet man als endemisch.

Beschreibung Dicht verzweigter Strauch. Blätter sehr kurz gestielt, auch die 3 Blättchen nur 3–6 mm lang, grauweiß behaart, durch den nach oben eingerollten Blattrand scheinbar lineal. Blüten mit 10–13 mm langer, zur Spitze hin V-förmig behaarter Fahne, endständig in kurzen Trauben. Früchte 2–3 cm lang. Einige Teline-Arten sind aufgrund ihres Alkaloidgehaltes giftig (auch Felsfluren, Gebüsche, zum Teil bestandsbildend, Gran Canaria-Endemit).

Weitere Art Die Rutenstrauch-Teline hat oben gewöhnlich einfache Blätter, die unteren sind 3-zählig. Blättchen 3–15 mm, lineal bis schmal elliptisch, beiderseits ± seidig behaart. Blüten kahl oder die Fahne auf dem Mittelnerv behaart ((▼) Felsstandorte im Sukkulentenbusch, Teneriffa-Endemit).

Rutenstrauch-Teline
Teline osyroides

P T

Beinwellblättrige Zistrose — Amagante de pinar

Cistus symphytifolius

Zistrosengewächse *Cistaceae* 0,6–2 m II–VII

Zistrosen sind trotz des Namens nicht mit den Rosen verwandt. Man erkennt sie an den zerknittert aussehenden Blütenblättern, die schon in der Knospe unregelmäßig gefaltet vorliegen. Alle 7 rosablütige Arten der Kanaren sind endemisch und überwiegend kleinräumig verbreitet.

Beschreibung Der in den Kanarenkiefernwäldern häufig anzutreffende, aromatisch duftende Strauch hat breit lanzettliche, unterseits auf den Nerven drüsige, etwas klebrige Blätter. Blüten bis 6 cm groß, Kelch lang behaart, Griffel aus den Staubblättern herausragend und wie bei allen endemischen rosa Arten gekrümmt. Fruchtkapseln mit mehr als 200 Samen. Diese sind essbar und wurden von den Ureinwohnern wie heute Gofio genutzt, Wurzeln und Blätter gelten als schmerzlindernd.

Weitere Art Die Tamadaba-Zistrose, ein Endemit der Kiefernwälder der Tamadaba-Region auf Gran Canaria, wurde früher *„leucophyllus“* weißblättrig genannt, was die beiderseits weißfilzig behaarten Blätter beschreibt (▼).

Tamadaba-Zistrose
Cistus ocreatus

H P G T C

Montpellier-Zistrose

Jaguarzo

Cistus monspeliensis

Zistrosengewächse *Cistaceae* 0,3–1,3 m IV–VI

Zistrosen haben ihren Verbreitungsschwerpunkt in den Garigues des Mittelmeerraumes. Nur die weitverbreitete Montpellier-Zistrose reicht bis in die trockenen Kanarenkiefernwälder und ihre strauchigen Ersatzgesellschaften. Die Volksmedizin kennt beruhigende, krampflösende und schmerzlindernde Eigenschaften.

Beschreibung Aromatischer, stark drüsig-klebriger Strauch. Blätter sitzend, länglich-lanzettlich, 3-nervig, oberseits dunkelgrün, runzelig, am Rand umgerollt, mit einfachen Haaren oder verkahlend, unterseits kurz sternhaarig-filzig. Blüten sehr zahlreich, bis 2,5 cm breit, die weißen Kronblätter ausgerandet bis verkehrtherzförmig, am Grund gelb. Griffel sitzend.
Weitere Art Die Gran Canaria-Zistrose wurde erst vor einigen Jahren erkannt. Sie unterscheidet sich durch kaum klebrige, oberseits graugrüne Blätter mit einfachen und Sternhaaren, unterseits treten die Nerven stark hervor. Kronblätter breit eiförmig-rundlich (▼ Gran Canaria-Endemit, im Norden, selten).

Gran Canaria-Zistrose
Cistus grancanariae

▼ G

Stachelfrüchtiger Natternkopf

Echium acanthocarpum **Taginaste gomero**

Raublattgewächse *Boraginaceae* 1–2 m I–III

Von den Natternköpfen, die in Mitteleuropa nur mit einer ausdauernden Art, dem Gewöhnlichen Natternkopf (*Echium vulgare*), vertreten sind, gibt es auf jeder Kanareninsel wenigstens einen strauchigen Vertreter, nur der Bonnet- und der Lanzarote-Natternkopf sind einjährig. Insgesamt wurden von den Kanaren 29 endemische Arten und Unterarten beschrieben.

Beschreibung Strauch mit nahezu sitzenden, lanzettlichen, spitzen, auf beiden Seiten dicht rauhaarigen Blättern. Blütenstand eiförmig-zylindrisch, dicht, bis 40 cm lang. Die leuchtend blaue Krone außen behaart, etwa 15 mm lang, schmal trichterförmig bis glockig. Kelchzipfel spitz. Die Nüsschen haben 2–3 mm lange, dornige Auswüchse (Felsen in den Waldgebieten, nach dem großen Waldbrand von 1984 häufiger, Gomera-Endemit).
Weitere Art Der Webb-Natternkopf hat Blätter mit seidig glänzenden, anliegenden Haaren. Blütenstände schmaler, 10–20 cm lang, Kronen blau, 9–10 mm. Die Kelchzipfel enden stumpf (▼ La Palma-Endemit, III–V).

Webb-Natternkopf
Echium webbii

Grünlicher Natternkopf — Taginaste azul de Tenerife

Echium virescens

Raublattgewächse *Boraginaceae* 1–2 m II–IV

Wenn man diesen schönen, rosa bis bläulich blühenden Natternkopf findet, wird man erstaunt sein, warum er „Grünlicher" oder wissenschaftlich „*virescens*" heißt: Das Rätsels Lösung findet man erst einige Wochen später, wenn die Blüten verweht und der ganze Fruchtstand jetzt grün von den bleibenden, ausgebreiteten Kelchblättern ist.

Beschreibung Verzweigter Strauch, jeder Trieb mit zahlreichen, lanzettlichen, grauweiß borstig behaarten Blättern. Am Ende jeweils mit reichen, bis 30 cm langen Blütenständen aus rosa bis bläulichen, seitlich nicht zusammengedrückten, 6–10 mm langen, 5-lappigen Blüten. Staubfäden rötlich (Kiefernwälder, auch tiefer und höher steigend, Teneriffa-Endemit).
Weitere Art Der Lotwurzblättrige Natternkopf ist niedriger, bis 1,2 m hoch. Blätter lineal, am Rand etwas umgerollt, wie der Stängel borstig behaart. Blüten weißlich, seltener zart rosa oder bläulich, Kronröhre eng, etwa 1 cm lang (▼ auch im Sukkulentenbusch, Gran Canaria-Endemit).

Lotwurzblättriger Natternkopf
Echium onosmifolium

Kiefern-Bergminze

Micromeria pineolens

Tomillón de Tamadaba

Lippenblütler *Lamiaceae* Bis 0,8 m IV–VI

Manchmal verrät der kanarische Name schon das Vorkommen einer Art: „Tomillón de Tamadaba" ist eine auffällige Pflanze in den ausgedehnten Kiefernwäldern des Tamadaba-Gebietes, einem großräumigen und artenreichen Naturpark im Nordwesten von Gran Canaria.

Beschreibung Eine Bergminze, die durch ihre großen, 12–15 mm langen, rosa Blüten nicht zu übersehen ist. Der hellgrüne Kelch 4–6 mm, außen zerstreut lang behaart, 2-lippig, mit sehr kurzen oberen Zähnen. Blätter schmal eiförmig, am Rand umgerollt, lang behaart. Andere großblütige *Micromeria*-Arten sind Felspflanzen, sehr selten und schwer zugänglich.
Weitere Art Ebenfalls ein Endemit der Kiefernwälder Gran Canarias ist die Wollige Bergminze, ein bis 0,3 m hoher, weißwollig behaarter, nach Kampfer duftender Zwergstrauch. Die abstehenden Blätter linealisch, mit umgerollten Rändern. Blütenkronen weißlich bis blassrosa, wenig aus dem Kelch herausragend, seine Zähne an der Spitze purpurn überlaufen.

Wollige Bergminze
Micromeria lanata

T

Teneriffa-Gliedkraut

Sideritis oroteneriffae

Chajorra de cumbre

Lippenblütler *Lamiaceae* Bis 1 m IV–VII

Ein Teil der zahlreichen endemischen Gliedkraut-Arten *Sideritis* (s. a. Seite 136) zeichnet sich durch weißwollige Behaarung aus. Dies wird als Anpassung an hohe Lichteinstrahlung gedeutet, wie sie durch den Standort auf Lichtungen auch in der Kiefernwaldstufe gegeben ist. Beide folgenden Arten sind in der Volksheilkunde u. a. zur Linderung von Erkältungsinfekten bekannt.

Beschreibung Insgesamt grauweißer oder gelblich filziger Strauch mit stumpfen, ± gekerbten, eiförmig-länglichen Blättern. Blütenstand meist einfach, schlank, die Quirle deutlich getrennt. Die blassgelbe, kahle Blütenkrone 7–9 mm lang, mit braunem Saum. Kelch innen kahl, außen dicht filzig, die Kelchzähne verbergend (Teneriffa-Endemit).

Weitere Art Ähnlich ist das Wollige Gliedkraut. Blütenkrone 7–11 mm lang, schwefelgelb, ohne braunen Saum. Der außen filzige Kelch innen im vorderen Teil behaart, die Zipfel deutlich stachelspitzig (Gran Canaria-Endemit).

Wolliges Gliedkraut
Sideritis dasygnaphala

H P G T C

Kanaren-Strauchminze Poleo de monte

Bystropogon canariensis

Lippenblütler *Lamiaceae* 0,5–2,5 m III–VI

4 der 5 endemischen Strauchminze-Arten sind, wie viele Lippenblütler, stark aromatisch. Überwiegend mit minzeähnlichem Geruch werden sie als Tee in der Volksmedizin geschätzt, so bei Erkrankungen der Atemwege und auch bei Magenbeschwerden. Da im ätherischen Öl auch Pulegon enthalten ist, wird von häufiger Anwendung abgeraten.

Beschreibung Immergrüner hoher Strauch. Die kreuzweise gegenständigen, eiförmigen, am Rand gekerbten Blätter wie die Blüten an abstehend behaarten Stielen, oberseits grün, unterseits ± dicht grau behaart oder auch insgesamt kahl. Blüten köpfchenartig angeordnet, Krone weiß, 4–4,5 mm lang, der Kelch mit 5 kurzen, regelmäßigen, weiß behaarten Zähnen (feuchte Kiefernwälder, bis in die Lorbeerwälder, Kanaren-Endemit).
Weitere Art Die Oreganoblättrige Strauchminze hat ± ganzrandige, unterseits grauweiße Blätter. Blütenkrone weiß, 4,5–6 mm lang. Kelchzähne lang zugespitzt und bewimpert (H, P, G, T, C, endemisch).

Oreganoblättrige Strauchminze
Bystropogon origanifolius

H P G T C

Link-Rutenkraut

Cañaheja

Ferula linkii

Doldenblütler *Apiaceae* 1–3 m XII–V

Rutenkräuter beeindrucken zunächst durch ihre Größe. Zubereitungen der Blätter gelten traditionell u. a. als auswurffördernd bei Husten, als blähungswidrig und leicht krampflösend bei Magenbeschwerden. Im Futter erhöhen sie die Milchproduktion bei Ziegen und Schafen.

Beschreibung Pflanze ausdauernd, ihr hoher Blütenstängel aber nur 1-jährig. Blätter kahl, mehrfach gefiedert, überwiegend grundständig, bis 80 cm lang, mit großer Blattscheide, Abschnitte flach bis fadenförmig, maximal 0,5 mm breit. Blütenstand verzweigt, Dolden halbkugelig, die endständige mit bis zu 24 Strahlen, etwa 10 cm breit, die seitlichen kleiner. Blüten gelb, Früchte zusammengedrückt, mit schmal geflügeltem Rand (bis in die subalpine Stufe, Kanaren-Endemit).

Weitere Art Ähnlich ist das Lanzarote-Rutenkraut, aber Pflanze nur bis 2 m hoch, Blätter mit fleischigen, bis 4 mm breiten Endabschnitten. Blütendolden 8 cm breit (▼ Lanzarote-Endemit).

Lanzarote-Rutenkraut
Ferula lancerottensis

Subalpine Gebüsche

Die höchsten Stufen, nach mitteleuropäischen Begriffen subalpine und alpine Stufe, spanisch „Piso supracanario“ und „orocanario“, sind durch hohe Sonneneinstrahlung und starke Temperaturschwankungen bis hin zu Schneefällen gekennzeichnet. Auf weite Strecken ist das Vorherrschen des Teideginsters prägend, der nur auf den beiden höchsten Inseln La Palma und Teneriffa vorkommt. Außerdem wachsen hier einige charakteristische Straucharten, die gelegentlich zur Dominanz gelangen, wie die Klebrige Drüsenfrucht, der Behaarte Federkopf oder die Teide-Rauke. Den Besucher begeistert besonders der rot blühende Wildpret-Natternkopf, der auch noch als grauweißer Fruchtstand auffällt. Er ist in den letzten Jahren häufiger geworden und immer wieder auch von der Cañadas-Straße aus zu sehen. Viel seltener ist sein blaublütiger Verwandter, der Auber-Natternkopf und einige weitere Endemiten. Aus den meisten Gattungen kommt hier nur eine Art vor, oft findet sich aber eine Verwandte in niedrigeren Stufen.
Die Cañadas waren ursprünglich ein Sommerweidegebiet für die großen Schaf- und Ziegenherden Teneriffas, wovon auch noch der Name „Cañadas“ zeugt, was Viehtriften bedeutet. Nach der Ausweisung zum Nationalpark 1954 wurde dieser für die Beweidung geschlossen, was große Veränderungen der Vegetationsverhältnisse bewirkte. Die oberste, alpine Stufe ist vegetationsarm und frei von strauchigen Arten. Auf Teneriffa ist hier das endemische Teide-Veilchen namengebend, neben dem Teide-Scheinruhrkraut sind die wenigen hier wachsenden krautigen Arten in Europa weiter verbreitet.

Subalpine Gebüsche in den Cañadas del Teide, Teneriffa

Zedern-Wacholder — Cedro canario

Juniperus cedrus

Zypressengewächse *Cupressaceae* Bis 10(–25) m VIII–I

Das aromatische Holz dieser Art wurde in der traditionellen Möbeltischlerei sehr geschätzt, u. a. für Truhen. Das hat zu starkem Raubbau geführt, sodass der Zedern-Wacholder deutlich in seinem Bestand zurückgegangen war, heute unter Schutz steht und auch gepflanzt wird.

Beschreibung Zweihäusiger Strauch oder Baum, junge Zweige hängend. Blätter nadelförmig, aufrecht abstehend, aber kaum stechend, in 3-zähligen Wirteln, 7–12 mm lang und bis 2 mm breit, auf der Oberseite mit 2 hellen Streifen. Weibliche Blüten in anfangs blaugrünen, reif rötlich braunen, etwa 1 cm großen Beerenzapfen, deren Samen zu einem 3-fächerigen Steinkern verwachsen sind, männliche Blüten mit einer Schuppenhülle. Neuerdings wurden Ringdrosseln beobachtet, die sich von Januar bis April im Gebiet aufhalten, sich von den fleischigen Früchten ernähren und zur Verbreitung beitragen können (auch in Felsspalten, Kanaren-Endemit, auf Madeira in einer eigenen Unterart).

Zedern-Wacholder
Reife Beerenzapfen

P T

Echter Teideginster   Retama del Teide

Cytisus supranubius (Spartocytisus supranubius)

Schmetterlingsblütler *Fabaceae* 2–4 m V–VI

Die Bestände des Echten Teideginsters sind das ganze Jahr eindrucksvoll: ihre großen Kugelbüsche imponieren mit graugrünen, fein gerillten, rutenförmigen Ästen. Im späten Frühjahr, wenn viele Exemplare über und über von weißen, seltener rosa Blüten bedeckt sind, verströmen sie einen starken Duft und bieten eine reiche Bienenweide.

Beschreibung Blätter hinfällig, mit 3 linealen, etwa 1 cm langen, behaarten Blättchen. Blüten mit schiefem, kurz 5-zähnigem Kelch, büschelig entlang der Zweigenden. Zuletzt schwarze, spärlich behaarte flache Hülsen mit 4–6 Samen, die gerne von Kaninchen gefressen werden. Zeitweise waren die Bestände stark dezimiert, die Art wurde als Viehfutter, Einstreu in Ställen und vor allem für die Herstellung von Holzkohle genutzt, auch die seit 1971 eingeführten Mufflons trugen dazu bei. Heute ist sie in dem seit 1954 bestehenden Nationalpark geschützt (vor allem in den Cañadas del Teide, viel seltener auf La Palma, Kanaren-Endemit).

Echter Teideginster
Blühende Zweige

P G T

Klebrige Drüsenfrucht

Adenocarpus viscosus

Codeso de cumbre

Schmetterlingsblütler *Fabaceae* 0,5–1(–5) m IV–VI

Auch diese Art mit deutlich sichtbaren Drüsen auf den Früchten hat Vertreter in unteren Stufen, sie finden sich in den Lorbeer- und Kiefernwäldern und sind drüsenarm oder drüsenfrei. Diese Kanaren-Endemiten sind alkaloidhaltig und giftig, daneben gibt es weitere Arten im Mittelmeerraum.

Beschreibung Niederliegender oder aufrechter hoher Strauch. Dicht stehende, gestielte, 3-zählige kleine Blätter, klebrig und beiderseits behaart, an den Rändern nach oben eingerollt. Gelbe Schmetterlingsblüten mit kaum behaarter, 12 mm langer Fahne, der Kelch stark drüsig-warzig mit deutlich hervortretenden Drüsen (bis in die obere Kiefernwaldregion, Kanaren-Endemit).

Weitere Art Die Blättchenreiche Drüsenfrucht hat nur unterseits behaarte Blättchen. Blüten mit dicht seidig behaarter Fahne, auch der Kelch ist behaart aber meist drüsenlos. Hülse zerstreut warzig oder kahl (Lorbeerwälder, untere Kiefernwaldstufe, P, G, T, C, Kanaren-Endemit, 2–4 m, I–VII).

Blättchenreiche Drüsenfrucht
Adenocarpus foliolosus

La Palma-Veilchen

Viola palmensis **Violeta de La Palma**

Veilchengewächse *Violaceae* 0,1–0,4 m IV–V

Während das Teide-Veilchen als die am höchsten steigende heimische Blütenpflanze Teneriffas berühmt ist (bis 3600 m), hat das nahe verwandte La Palma-Veilchen diese Bekanntheit nicht. Dafür sieht man es zur Blütezeit aber schon von der Cumbre-Straße aus.

Beschreibung Ausdauernde Pflanze, Blätter länglich-lanzettlich, schwach gekerbt, kaum fleischig, dunkelgrün. Blüten blauviolett, mit langem, schlankem Sporn, die beiden seitlichen Kronblätter wie bei Stiefmütterchen-Arten aufwärts gerichtet, das untere am Grund mit gelbem Fleck und bisweilen dunklen Streifen (Geröllfluren, Felsen, 1750–2400 m, La Palma-Endemit).

Weitere Art Das Teide-Veilchen hat dagegen dickliche, ganzrandige oder etwas geschweifte, dicht behaarte, silbrig graugrüne Blätter. Blüten mit kurzem Sporn, blauviolett, mit weißer und gelber Färbung, die seitlichen Kronblätter wie beim La Palma-Veilchen aufwärts gerichtet (▼ Gipfelregion des Pico del Teide und Cañadas-Randberge, Teneriffa-Endemit).

Teide-Veilchen
Viola cheiranthifolia

T

Teide-Rauke

Pajonera de cumbre

Descurainia bourgeauana

Kreuzblütler *Brassicaceae* 0,5–1 m IV–VI

Den deutschen Namen „Teidestroh" versteht man, wenn man im Sommer die strohgelben, vertrockneten Fruchtstände der Art sieht, die in den Cañadas oft große, fast reine Bestände bilden kann. Schon im Frühjahr ist die goldgelb blühende Pflanze gebietsweise landschaftsbestimmend. Die Gattung hat auch in tieferen Stufen mehrere Arten.

Beschreibung Kugelbuschartiger, am Grund verzweigter Halbstrauch. Blätter graugrün, mit Stern- und Drüsenhaaren, 1–2fach fiederteilig, die Abschnitte schmal. Blütenstand einfach und aufrecht, Blüten 6–10 mm lang gestielt, mit 3–4 mm langen Kronblättern und ebenfalls gelben, außen behaarten, zur Blütezeit abstehenden Kelchblättern. Schoten aufrecht an weit abstehenden Stielen, etwa 16 braune Samen (Teneriffa-Endemit).

Weitere Art Die La Palma-Rauke wächst ebenfalls in dieser Höhenstufe und in den oberen Kiefernwäldern. Blätter graufilzig. Blütenstiele 4 mm, Schoten an aufsteigenden bis aufrechten Stielen, 16–24-samig (▼ La Palma-Endemit).

La Palma-Rauke
Descurainia gilva

P T

Besen-Schöterich, Teidelack

Erysimum scoparium **Alhelí de cumbre**

Kreuzblütler *Brassicaceae* 0,3–1 m IV–VII

Kennzeichnend für Arten dieser Gattung ist der Wechsel der Blütenfarbe nach dem Aufblühen von Weiß zu Violett, sodass man beide Farben gleichzeitig antrifft. Parallel dazu nimmt die Menge des Nektars in den Blüten ab, was die vorwiegend bestäubenden Pelzbienen merken. Besonders die Samen enthalten herzwirksame Steroidglykoside, die Arten sind daher als Giftpflanzen anzusehen.

Beschreibung Graugrüner Halbstrauch mit anliegenden, überwiegend 2-armigen Haaren. Die ± ganzrandigen, schmal lanzettlichen Blätter zahlreich unterhalb der Blütentrauben. Kronblätter 12–16 mm lang, Schoten 4–7 cm, der bleibende Griffel 2–3 mm (Kanaren-Endemit).

Weitere Art Der Zweifarbige Schöterich ist ein Strauch, Blätter breiter und länger als bei der subalpinen Art, meist gezähnt. Kronblätter 17–18 mm lang, Schoten 3–4 cm, der Griffel 3–5 mm lang, ebenfalls bleibend (▼ felsige Hänge vom Sukkulentenbusch bis in die Waldgebiete, H, P, G, T, C, F, Madeira, endemisch, II–VI).

Zweifarbiger Schöteric
Erysimum bicolor

P T ▼

Wildpret-Natternkopf Taginaste rojo

Echium wildpretii ssp. *wildpretii*

Raublattgewächse *Boraginaceae* 1,5–2,5 m V–VIII

Der Wildpret-Natternkopf, benannt nach Hermann Wildpret (1834–1908), dem berühmten Schweizer Gestalter des Botanischen Gartens „Jardin de Aclimatación de La Orotava“ (Botánico), ist zur Blütezeit eine der eindruckvollsten Arten der Cañadas. An den nektarreichen Blüten wurden außer Bienen auch Vögel beobachtet.

Beschreibung Lineal-lanzettliche, zugespitzte, beiderseits dicht mit angedrückten, weichen Borsten besetzte Blätter bilden eine mehrjährige Rosette auf kurzem Stamm. Sie treibt einen einzigen, dichten, kegelförmigen Blütenstand und stirbt nach der Fruchtreife ab. Bis zu 50 000 ± sitzende, regelmäßig 5-lappige, rote, zuletzt blauviolette, 10–14 mm lange Blüten wurden an einer Pflanze gezählt (Geröllfluren, besonders am inneren Cañadasrand, Teneriffa-Endemit).

Weitere Art Nur auf La Palma wächst die „tajinaste rosado“, mit schlankerem Blütenstand und hell rosavioletter Krone (▼ Ränder der Caldera de Taburiente, im NW bis in die Kiefernwälder herabsteigend).

Unterart von La Palma
Echium wildpretii ssp. *trichosiphon*

Teide-Katzenminze **Tonática**

Nepeta teydea

Lippenblütler *Lamiaceae* 0,4–1 m V–VIII

Die leuchtend blau (selten weiß) blühende, stark aromatische Teide-Katzenminze ist eine auffällige, wenn auch nicht sehr häufige endemische Art oberhalb der Kiefernwälder beider Inseln. In der Volksheilkunde hatte sie gewisse Bedeutung als Tee bei Erkältungserkrankungen mit Husten, darf aber heute nicht mehr gesammelt werden.

Beschreibung Am Grund verholzte Pflanze mit gegenständigen, beiderseits weich behaarten, länglich-lanzettlichen, stumpfen, regelmäßig gekerbten Blättern. Blüten in ± locker ährenförmig angeordneten Scheinquirlen. Krone 10–12 mm lang, mit gekrümmter Röhre und löffelförmig vorgestreckter Unterlippe. Kelch drüsig behaart, wie die Tragblätter häufig purpurn.

Weitere Art Die Teide-Rossminze, eine nur 0,3 m hohe, graugrüne endemische Varietät, überrascht in kleinen ausgetrockneten Schwemmebenen der Cañadas. Die bis 1,5 m hohe Pflanze der nördlichen Hemisphäre sieht man an Quellen und künstlichen Wasseraustrittsstellen auch auf den Kanaren nicht selten (P, G, T, C).

Teide-Rossminze
Mentha longifolia
var. *teydea*

T

Cañadas-Kanarenmargerite

Argyranthemum tenerifae

Margarita del Teide

Korbblütler *Asteraceae* 0,3–0,5 m III–X

Die endemische Cañadas-Kanarenmargerite bildet oft perfekte Kugelbüsche wie auch manch anderer Vertreter der subalpinen Stufe in den Cañadas am Pico del Teide. Durch diese Lebensform ist die Art an die hohe Sonneneinstrahlung über den Wolken angepasst.

Beschreibung Pflanze nur wenig verholzt, vom Grund an verzweigt. Blätter kahl bis rauhaarig an verbreiterten Stielen, im Umriss eiförmig oder länglich, 1–2fach fiederspaltig, an den Enden mit zugespitzten Abschnitten. Blütenköpfchen lang gestielt, mit 7–15 mm breiter Hülle, deren innerste Blätter lineal-lanzettlich, spitz. Innere Früchte mit 1 Flügel, die randlichen 3-flügelig.

Weitere Art Von der strauchigen Kiefernwald-Kanarenmargerite wurden 7 Unterarten beschrieben, die deutlich sitzende, 2–3fach fiederschnittige, fast kahle bis filzige Blätter haben. Blütenhülle 4–12 mm breit. Alle Früchte ungeflügelt, die der Zungenblüten zu 2–5 zusammenhängend (▼ Kiefernwälder, auch weiter herabsteigend, H, P, T, C, Kanaren-Endemit).

Kiefernwald-Kanarenmargerite
Argyranthemum adauctum

P T

Teide-Strauchflockenblume

Cheirolophus teydis **Cabezón de la cumbre**

Korbblütler *Asteraceae* 0,8–1,5 m VII–IX

Die 16 endemischen Strauchflockenblumen kommen von der Küste bis in die subalpine Stufe vor, die Teide-Strauchflockenblume als einzige auf zwei Inseln. Mehrere Arten wurden in der Volksheilkunde angewendet, u. a. als blutzuckersenkendes Mittel oder als Antibiotikum. Für zukünftigen Gebrauch wären neuere Untersuchungen notwendig.

Beschreibung Halbstrauch mit aufrechten, verzweigten, grünen Ästen. Blätter etwas klebrig, besonders die unteren fein gesägt-gezähnt. Hülle der Blütenköpfchen 10–15 mm breit, ihre Blätter mit häutigem, zerschlitztem Rand, die Röhrenblüten gelblich weiß (Kanaren-Endemit).

Weitere Art Von den 10 Bartpippau-Arten der Kanaren, ebenfalls Korbblütler, kommt auch eine endemisch in den Cañadas vor. Pflanze ausdauernd, Rosetten- und Stängelblätter lineal-lanzettlich, fast ganzrandig bis ± tief unregelmäßig gezähnt. Blütenköpfchen etwa 1 cm breit, mit gelben Zungenblüten und dunkel gestreiften Hüllblättern (0,3–0,6 m, VI–VIII).

Webb-Bartpippau
Tolpis webbii

T

Behaarter Federkopf

Pterocephalus lasiospermus

Rosalito de cumbre

Geißblattgewächse *Caprifoliaceae (Dipsacaceae)* 0,3–1 m V–IX

Der Behaarte Federkopf verdankt seinen deutschen Namen dem Fruchtstand der Art: aus den rosa Blüten entwickeln sich im Herbst zahlreiche Früchte, die von den fedrigen Borsten der Kelche schirmförmig gekrönt werden und dadurch flugfähig sind.

Beschreibung Breiter, verholzter Kugelbusch mit gegenständigen, grau behaarten Blättern, diese zugespitzt länglich-lanzettlich und ganzrandig. Blütenköpfe gewöhnlich einzeln, lang gestielt, am Grund mit 6–12 Hüllblättern. Kronen rosa, auf der Außenseite seidig behaart, 5-zipfelig, die drei äußeren Zipfel strahlend. Fruchtkelche mit über 20 fedrigen Borsten (in den Cañadas bisweilen bestandsbildend, Teneriffa-Endemit).

Weitere Art Der Hohe Federkopf hat breit lanzettliche, weniger behaarte, mattgrüne Blätter, diese an den Zweigenden gehäuft. Blütenköpfe zu mehreren, breiter, am Grund mit 12–18 Hüllblättern. Auch als Zierpflanze kultiviert (▼ Kiefernwälder, H eingebürgert, T, C, Kanaren-Endemit).

Hoher Federkopf
terocephalus dumetorus

Literatur

Die folgende Literaturauswahl umfasst einige weiterführende sowie populäre Bücher:

Acebes Ginovés, J. R. & al.: Pteridophyta, Spermatophyta in: Arechavaleta, M. & al. (ed.): Lista de especies silvestres de Canarias. 2009. Gobierno de Canarias 2010

Ashmole, P.& M.: Natural history of Tenerife. Dunbeath, Scotland 2016

Bañares Baudet, Á.: Las plantas suculentas (Crassulaceae) endémicas de las Islas Canarias. Santa Cruz de Tenerife 2015

Bramwell, D.: Medicinal Plants of the Canary Islands. Madrid 2004

Bramwell, D. & Z.: Kanarische Flora. Illustrierter Führer. Madrid 1997

Bramwell, D. & Z.: Wild flowers of the Canary Islands. Madrid 2001

Fernández-Palacios, J. M. & al.: Los Bosques Termófilos de Canarias. Sta. Cruz de Tenerife 2008

Goetz, R.: Flora der Kanarischen Inseln. München 2017

Hohenester, A. & W. Welß: Exkursionsflora für die Kanarischen Inseln. Stuttgart 1993

Kunkel, G.: Flora y vegetación del Archipiélago Canario, Tratado Florístico, 2 Bände. Las Palmas de Gran Canaria 1991, 1992

Kunkel, G.: Die Kanarischen Inseln und ihre Pflanzenwelt, Stuttgart, Jena, New York 1993

Lüpnitz, D.: Kanarische Inseln, Florenvielfalt auf engem Raum. Palmengarten, Sonderheft 23. Frankfurt 1995

Machado, A. & M. Morena: Nombres comunes de las plantas y los animales de Canarias. 2005

Muer, Th., H. Sauerbier, F. Cabrera Calixto: Die Farn- und Blütenpflanzen der Kanarischen Inseln. Weikersheim 2016

Pérez de Paz, P. L. & C. E. Hernández Padrón: Plantas medicinales o útiles en la flora canaria. La Laguna 1999

Pott, R., J. Hüppe, W. Wildpret de la Torre: Die Kanarischen Inseln. Natur- und Kulturlandschaften. Stuttgart 2003

Schönfelder, P. & I.: Die Kosmos-Kanarenflora. Stuttgart 2018 a

Schönfelder, P. & I.: Die Kosmos-Mittelmeerflora. Stuttgart 2018 b

Webb, P. B. & Berthelot, S.: Histoire naturelle des îles Canaries. III. Botanique. 2. Phytographia canariensis. Paris 1836–1840

Internetseiten:

http://catalogo.museosdetenerife.org/

http://www.floradecanarias.com/index.html

http://plantasdemitierra.blogspot.de

http://www.jardincanario.org/

Register

Zweiteilige deutsche Namen wurden nur einmal und zwar mit vorgestelltem Gattungsnamen aufgeführt, so ist z. B. die „Afrikanische Tamariske“ nur unter „Tamariske, Afrikanische“ zu finden. Die beschriebenen Unterarten und Varietäten sind jeweils bei der Art im Text aufgeführt.